彩图 1-1(a) 宝石放大镜

彩图 1-1(b) 放大镜的使用

彩图 1-2 宝石显微镜

彩图 1-3 偏光镜

彩图 1-4 折射仪

彩图 1-5 二色镜

彩图 1-6(a) 分光镜演示图

彩图 1-6(b) 分光镜演示图

彩图 1-6(c) 手持式分光镜

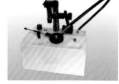

彩图 1-6(d) 台式分光镜

彩图 1-7 滤色镜

彩图 1-8(a) 紫外荧光灯（一）

彩图 1-8(b) 紫外荧光灯（二）

彩图 1-9(a) 热导仪

彩图 1-9(b) 热导仪检测钻石

彩图 1-10 电子克拉天平测宝石密度

彩图 2-1　钻石晶体　　彩图 2-2　钻石实际晶形　　彩图 2-3　钻石内部的　　彩图 2-4　钻石内部的
　　　　　　　　　　　　　　及晶面特征　　　　　　　　面状裂隙　　　　　　　内凹原晶面

   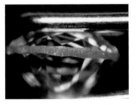

彩图 2-5　钻石火彩　　彩图 2-6　钻石内部　　彩图 2-7　钻石内部　　彩图 2-8　钻石的须状腰
　　　　　　　　　　　　的透明矿物包裹体　　　的红色石榴石包裹体

彩图 2-9　钻石腰部　　彩图 2-10　合成钻　　彩图 2-11　辐照改　　彩图 2-12　激光打孔
　　的破口、生长纹　　　石与天然钻石　　　色处理后的钻石　　　钻石

 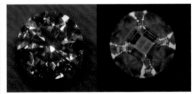

彩图 2-13　CVD 合成钻石倾斜密集条纹及点状包裹体　　彩图 2-14　HPHT 合成黄色钻石及
　　　　　　　　　　　　　　　　　　　　　　　　　　　　　　　　其荧光特征

  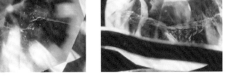

彩图 2-15　充填处理钻石（左：处理前，右：处理后）　　彩图 2-16　充填处理钻石的闪光效应

彩图 3-1(a)　天然星光红、蓝宝

彩图 3-1(b)　星光蓝宝石　　　　　彩图 3-2　变色蓝宝石(左:日光下 右:白炽灯下)

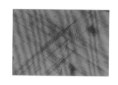

彩图 3-3(a)　红宝石
的百叶窗式双晶纹

彩图 3-3(b)　缅甸抹谷红
宝石中的金红石针包裹体

彩图 3-4　缅甸
孟素红宝石

彩图 3-5　泰国红
宝石中的"煎蛋"
状包裹体

彩图 3-6　斯里兰
卡红宝石中的长针
状金红石针包裹体

彩图 3-7　印控克什米尔蓝
宝石乳浊状条带和透明条带
交替形成的色带

彩图 3-8　缅甸蓝宝石中的
"褶曲状"包裹体

彩图 3-9　泰国蓝宝石
中的流体包裹体

彩图 3-10　斯里兰卡蓝宝石
中的长针状和流体包裹体

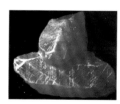

彩图 3-11　红宝石晶体　彩图 3-12　各种颜色的红、蓝宝石　　　彩图 3-13　合成红、蓝宝石

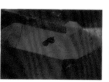

彩图 3-14　合成星
光红、蓝宝石

彩图 3-15　焰熔法合
成红宝石内部的弧形
生长纹及串珠状气泡

彩图 3-16　焰熔法合成
蓝宝石内部的弧形生长
纹和未熔的面包渣状粉
末包裹体

彩图 3-17　助溶剂
法合成红宝石内部的
助溶剂包裹体残余

彩图 3-18　助熔剂
法合成蓝宝石内部的
浆状助熔剂残余及呈
三角形铂金属片

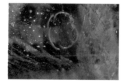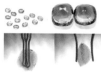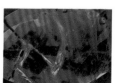

彩图 3-19　热处理蓝宝石内
部包裹体周围环状应力裂纹

彩图 3-20　扩散处理红、蓝宝石

彩图 3-21　染色
星光红宝石

彩图 3-22　裂隙充填
红宝石

彩图 4-1 祖母绿型切工的祖母绿

彩图 4-2 祖母绿晶体

彩图 4-3 巴黄铁矿、磁铁矿、长石包裹体(巴西)

彩图 4-4 竹节状阳起石包裹体(俄罗斯)

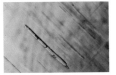
彩图 4-5 管状气液包裹(哥伦比亚)

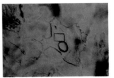
彩图 4-6 气液固三相包裹体(哥伦比亚)

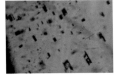
彩图 4-7 逗号状气液两相包裹体(印度)

彩图 4-8 针状透闪石包裹体(津巴布韦)

彩图 4-9 哥伦比亚祖母绿-祖母绿型

彩图 4-10 哥伦比亚祖母绿-水滴刻面型

彩图 4-11 不同品级的达碧兹祖母绿

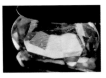
图彩 4-12 祖母绿猫眼戒面

彩图 4-13 水热法合成祖母绿波浪状生长纹

彩图 4-14 水热法合成祖母绿的钉状包裹体

彩图 4-15 助熔剂法合成祖母绿助熔剂残余

彩图 4-16 浸油祖母绿

彩图 4-17 染色祖母绿

彩图 4-18 充填前后的祖母绿(左为充填前,右为充填后)

彩图 4-19 海蓝宝石晶体

彩图 4-20 巴西海蓝宝石

彩图 4-21 马达加斯加海蓝宝石

彩图 4-22 中国新疆海蓝宝石

彩图 4-23 海蓝宝石内密集平行排列的针管状包裹体

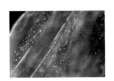
彩图 4-24 海蓝宝石内部的雨丝状包裹体

彩图 4-25 海蓝宝石猫眼

彩图 4-26 海蓝宝石与相似宝石

彩图 4-27 摩根石-1

彩图 4-28 摩根石-2

彩图 4-29 红色绿柱石

彩图 4-30 红色绿柱石晶体

彩图 4-31 水热法合成红色绿柱石

彩图 4-32 黄色绿柱石

彩图 4-33 浅黄绿色绿柱石晶体

彩图 4-34 不同颜色的绿柱石晶体

彩图 5-1 猫眼石

彩图 5-2 变石（左为白色光源下，右为黄色光源下）

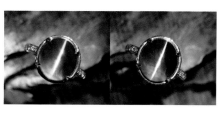
彩图 5-3 变石猫眼

彩图 5-4 金绿宝石（一）

彩图 5-5 金绿宝石（二）

彩图 5-6 金绿宝石（三）

彩图 5-7 金绿宝石晶体

彩图 5-8 金绿宝石晶体

彩图 5-9 猫眼石的乳白蜜黄效应

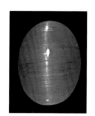
彩图 5-10 海蓝宝石猫眼

彩图 5-11 碧玺猫眼

彩图 5-12 木变石猫眼

彩图 5-13 矽线石猫眼

彩图 5-14 磷灰石猫眼

彩图 5-15 玻璃猫眼

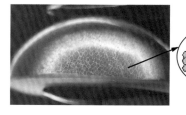
彩图 5-16 玻璃猫眼的蜂窝状结构

彩图 5-17 变色石榴石结构

彩图 5-18 变色蓝宝石

彩图 6-1　白欧泊

彩图 6-2　白欧泊原石

彩图 6-3　玻璃仿制欧泊

彩图 6-4　合成欧泊

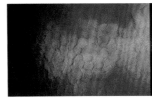
彩图 6-5　合成欧泊的蜥蜴皮结构和三维色斑

彩图 6-6　黑欧泊

彩图 6-7　黑欧泊猫眼

彩图 6-8　黑欧泊原石

彩图 6-9　化石欧泊

彩图 6-10　火玛瑙

彩图 6-11　火欧泊

彩图 6-12　火欧泊猫眼

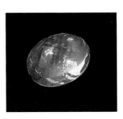
彩图 6-13　晶质欧泊

彩图 6-14　拉长石

彩图 6-15　砾石欧泊

彩图 6-16　欧泊的色斑

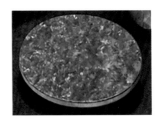
彩图 6-17　拼合欧泊二层石

彩图 6-18　拼合欧泊三层石

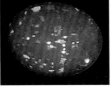
彩图 6-19　染黑欧泊

彩图 6-20　塑料仿制欧泊

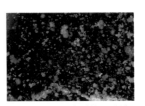
彩图 6-21　糖酸处理欧泊

彩图 7-1(a) 红色碧玺

彩图 7-1(b) 粉色碧玺

彩图 7-1(c) 深粉色碧玺

彩图 7-2 绿色碧玺

彩图 7-3 深绿色碧玺

彩图 7-4 黄绿色碧玺

彩图 7-5 蓝碧玺

彩图 7-6 帕拉伊巴碧玺

彩图 7-7(a) 紫红色碧玺

彩图 7-7(b) 莫桑比克紫碧玺

彩图 7-8 无色碧玺

彩图 7-9 黑色碧玺

彩图 7-10 红黄绿三色碧玺

彩图 7-11 双色碧玺

彩图 7-12 西瓜碧玺

彩图 7-13 各种色调的碧玺猫眼

彩图 7-14 变色碧玺

彩图 7-15 巴基斯坦双色碧玺晶体

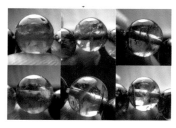
彩图 7-16 有机胶充填处理碧玺

彩图 7-17 镀膜碧玺

彩图 8-1 各种颜色的石榴石

红宝石

尖晶石

碧玺

镁铝榴石

铁铝榴石
锰铝榴石
锆石
彩图 8-2 红色相似宝石

彩图 8-3 沙弗莱石

彩图 8-4 不同色调的翠榴石

彩图 8-5 钙铬榴石

彩图 8-6 星光石榴石中的针状包裹体

彩图 8-7 星光石榴石

彩图 8-8 变色石榴石

祖母绿

翡翠
铬钒钙铝榴石
铬透辉石
翠榴石

橄榄石

锂辉石
磷灰石

碧玺

萤石晶体
彩图 8-9 绿色相似宝石

彩图 8-10 绿色合成立方氧化锆

彩图 8-11 马尾状包裹体

彩图 9-1 坦桑石原石

彩图 9-2 坦桑石

蓝宝石
坦桑石
蓝锥矿

堇青石
尖晶石

碧玺

托帕石
彩图 9-3 常见蓝色宝石

彩图 9-4 蓝锆石后刻面棱线重影

彩图 9-5 橄榄石

彩图 9-6 橄榄石原石

彩图 9-7 橄榄石珠串

彩图 9-8 睡莲叶状包裹体

彩图 9-9 各种颜色的月光石

彩图 9-10(a) 具白色晕彩的红棕色月光

彩图 9-10(b) 具白色晕彩的无色月光石（白月光）

彩图 9-10(c) 具黄色晕彩的无色月光石（黄月光）

彩图 9-10(d) 具蓝色晕彩的无色月光石（蓝月光）

彩图 9-11 月光石猫眼

彩图 9-12 月光石内部的"蜈蚣状"包裹体

彩图 9-13 白色玉髓戒面

彩图 9-14 玻璃仿月光石耳坠

彩图 10-1
各种颜色的托帕石

彩图 10-2
橙黄色托帕石

彩图 10-3
黄色托帕石

彩图 10-4(a)
黄色水晶

彩图 10-4(b)
黄水晶

彩图 10-5
托帕石晶体

彩图 10-6
蓝色托帕石

彩图 10-7
蓝色磷灰石

彩图 10-8
赛黄晶

彩图 10-9
辐照改色托帕石

彩图 10-10 扩散托帕石

彩图 10-11 早期镀膜托帕石

彩图 10-12 TCF 托帕石

彩图 10-13(a) 白水晶晶簇

彩图 10-13(b) 白水晶

彩图 10-14(a) 晶洞中
的紫晶晶簇

彩图 10-14(b) 紫水晶手串

彩图 10-15
茶晶

彩图 10-16
粉水晶

彩图 10-17
红水晶

彩图 10-18
发晶

彩图 10-19
石英猫眼

彩图 10-20
星光水晶

彩图 10-21
幽灵水晶

彩图 10-22
草莓水晶

彩图 10-23
彩虹水晶

彩图 10-24
水胆水晶

彩图 10-25
染色水晶

彩图 10-26
镀膜水晶

彩图 11-1　老坑种矿石

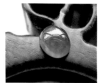

彩图 11-2　老坑
玻璃种翡翠

彩图 11-3　新坑种
矿石

彩图 11-4(a)　玻璃种
艳绿珠链

彩图 11-4(b)　玻璃种
阳绿翡翠

彩图 11-5(a)
紫罗兰翡翠

彩图 11-5(b)
紫色翡翠（一）

彩图 11-5(c)
紫色翡翠（二）

彩图 11-6
墨翠

彩图 11-7
红翡

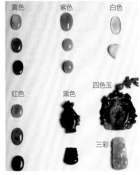

彩图 11-8　其他颜色的翡翠

彩图 11-9　无色玻璃地翡翠

彩图 11-10(a)
冰种翡翠

彩图 11-10(b)
冰种飘花翡翠

彩图 11-11
糯种翡翠

彩图 11-12
金丝种翡翠

彩图 11-13
翡翠的翠性

彩图 11-14
大理岩花瓶

彩图 11-15(a)
符山石玉（一）

彩图 11-15(b)
符山石玉（二）

彩图 11-16(a)
B 货翡翠

彩图 11-16(b)
B 货翡翠表面
的酸蚀网纹

彩图 11-16(c)
B 货翡翠处理
前后对比

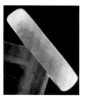

彩图 11-17
C 货染色翡翠
放大检查

彩图 11-18
B+C 货翡翠

彩图 11-19
拼合翡翠

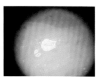

彩图 11-20
镀膜翡翠

彩图 11-21(a)
染色石英岩（一）

彩图 11-21(b)
染色石英岩（二）

彩图 11-2
仿翡翠玻璃

彩图 12-1(a)
和田玉山料

彩图 12-1(b)
和田玉籽料

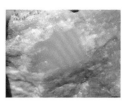
彩图 12-1(c)
和田玉山流水料

彩图 12-1(d)
和田玉戈壁料

彩图 12-2(a)
不同颜色品种的和田玉牌子

彩图 12-2(b)
和田玉青花玉素罐

彩图 12-2(c)
和田玉雕件

彩图 12-2(d)
俄罗斯碧玉手镯

彩图 12-2(e)
黄玉玉牌

彩图 12-3
台湾碧玉猫眼
戒面

彩图 12-4(a)
新疆和田玉
挂件

彩图 12-4(b)
青海翠青
和田玉吊坠

彩图 12-4(c)
青海和田玉
吊坠

彩图 12-4(d)
俄罗斯和田玉
挂件

彩图 12-4(e)
韩国和田玉
挂件

彩图 12-4(f)
岫岩玉手镯

彩图 12-2(f)
糖玉挂件

彩图 12-5(a)
和田玉手镯

彩图 12-5(b)
阿富汗玉手镯

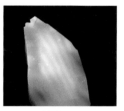
彩图 12-6
石英岩局部染色
仿糖白玉

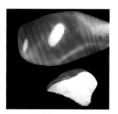
彩图 12-7
石英岩整体染色
仿和田玉籽料

彩图 12-8(a) 玻璃仿白玉

彩图 12-8(b) 玻璃仿碧玉

彩图 12-8(c) 玻璃仿制品内部的气泡

彩图 12-9(a) 浸蜡的和田玉

彩图 12-9(b
山料磨圆、染色仿籽料

彩图 12-9(c)
拼合处理和田玉

彩图 13-1(a)
黄色蛇纹石玉手镯

彩图 13-1(b)
白色蛇纹石玉原石

彩图 13-1(c)
灰黑色蛇纹石玉手镯

彩图 13-1(d)
黑色蛇纹石玉砚台

彩图 13-1(e)
多色蛇纹石玉手镯

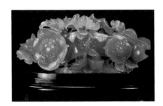

彩图 13-1(f)
绿色蛇纹石玉摆件

彩图 13-2(a)
会理玉摆件

彩图 13-2(b)
都兰玉

彩图 13-2(c)
鲍文玉原石

彩图 13-2(d)
京黄玉吊坠

彩图 13-2(e)
酒泉玉"夜光杯"

彩图 13-2(f)
昆仑岫玉挂件

彩图 13-2(g)
泰山玉猫眼

彩图 13-2(h)
信宜玉摆件

彩图 13-3
葡萄石戒面

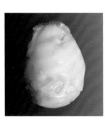

彩图 13-4
染色蛇纹石玉手镯

彩图 13-5(a)
独山玉原石

彩图 13-5(b)
白独玉雕件

彩图 13-5(c)
红独玉手镯

彩图 13-5(d)
绿独玉原料

彩图 13-5(e)
黄独玉摆件

彩图 13-5(f)
褐独玉雕件

彩图 13-5(g)
青独玉手镯

彩图 13-5(h)
花独玉雕件

彩图 13-5(i)
黑独玉雕件（张克钊）

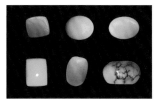   

彩图 14-1　各种色调的绿松石　　彩图 14-2　透明绿松石晶体　彩图 14-3　块状绿松石　　彩图 14-4　铁线绿松石

    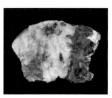

彩图 14-5
瓷松

彩图 14-6
硬松

彩图 14-7
泡松

彩图 14-8
绿色硅孔雀石原石

彩图 14-9
天河石原石

彩图 14-10
三水铝石原石

彩图 14-11
磷铝石原石

彩图 14-12
染色羟硅硼钙石

彩图 14-13
染色菱镁矿

彩图 14-14
合成绿松石

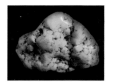    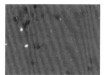

彩图 14-15
染色绿松石

彩图 14-16(a)
青金石原石

彩图 14-16(b)
各种色调的青金石

彩图 14-17
方钠石原石

彩图 14-18(a)
合成青金石的
细粒结构

    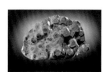

彩图 14-18(b)
合成青金石珠串

彩图 14-19
粘合青金石

彩图 14-20
晶体孔雀石

彩图 14-21(a)
孔雀石观赏石

彩图 14-21(b)
刚果孔雀石原石

 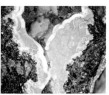   

彩图 14-21(c)
块状孔雀石

彩图 14-22
青孔雀石

彩图 14-23(a)
蓝色硅孔雀石原石

彩图 14-23(b)
绿色塑料仿孔雀石

彩图 14-24
带状合成孔雀石手串

彩图 15-1(a) 东陵石手镯　　彩图 15-1(b) 密玉摆件　彩图 15-1(c) 贵翠雕件　彩图 15-1(d) 京白玉雕件

彩图 15-2　绿玉髓　彩图 15-3　蓝玉髓手串　彩图 15-4　黄龙玉手镯　彩图 15-4　紫玉髓　彩图 15-5　红碧玉

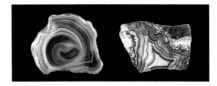  

彩图 15-7　缟玛瑙（缠丝玛瑙）原石　　彩图 15-8　战国红玛瑙　彩图 15-9　水草玛瑙手镯　彩图 15-10　火玛瑙原石

彩图 15-11　水胆玛瑙　　彩图 15-12　南红玛瑙　彩图 15-13　北红玛瑙雕件　彩图 15-14　烧红玛瑙

  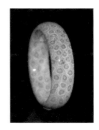

彩图 15-15　硅化木　彩图 15-16(a)　鹰睛石手串　　彩图 15-16(b)　虎睛石手串　彩图 15-17　硅化珊瑚手镯

白色　　黑色　　粉色　　金色　　紫色

彩图 16-1(a)　珍珠的颜色

彩图 16-1(b)　不同色调的珍珠

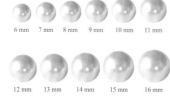

6 mm　7 mm　8 mm　9 mm　10 mm　11 mm

12 mm　13 mm　14 mm　15 mm　16 mm

彩图 16-1(c)　不同大小的珍珠

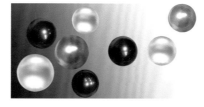

彩图 16-2　海水珍珠

彩图 16-3　海螺珍珠

彩图 16-4　淡水珍珠

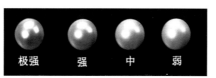

极强　　强　　中　　弱

彩图 16-5　不同强度的珍珠光泽

彩图 16-6　淡水珍珠表面的
生长纹及勒腰

彩图 16-7　大溪地不规则
黑珍珠表面特征

彩图 16-8　辐照珍珠

彩图 16-9　染色黑珍珠

彩图 16-10　塑料仿珍珠

彩图 16-11　玻璃仿珍珠

彩图 16-12　贝壳仿珍珠

彩图 17-1(a)
不同颜色的红珊瑚

彩图 17-1(b)
白珊瑚

彩图 17-1(c)
蓝珊瑚珠

彩图 17-1(d)
黑珊瑚

彩图 17-1(e)
金珊瑚

彩图 17-2
黑珊瑚漂白成金色珊瑚

彩图 17-3
染色珊瑚

彩图 17-4
充填处理的蓝珊瑚

彩图 17-5
覆膜金珊瑚

彩图 17-6
吉尔森珊瑚

彩图 17-7
红色塑料

彩图 17-8
红色玻璃

彩图 17-9
海螺珍珠胸针

彩图 17-10(a)
血珀

彩图 17-10(b)
金珀

彩图 17-10(c)
蜜蜡

彩图 17-10(d)
绿珀

彩图 17-10(e)
蓝珀

彩图 17-10(f)
虫珀

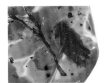
彩图 17-10(g)
植物珀

彩图 17-11
再造琥珀

彩图 17-12
热处理琥珀

彩图 17-13
加温加压处理琥珀

彩图 17-14
烤色处理琥

彩图 17-15
覆膜处理琥珀

彩图 17-16
压固处理琥珀

彩图 17-17
松香

彩图 17-18
柯巴树脂

彩图 17-19
塑料

何雪梅　刘艺萌　刘 畅 / 编著

化学工业出版社

·北京·

本书介绍了珠宝鉴定的原理与方法，重点解析了常规宝石鉴定仪器的功用、实际操作步骤及应用范围，并对各类宝石的鉴别特征及方法要领进行了针对性阐述，通过总结对比的方法突出了各类常见宝石的鉴定要点，具有很强的实用性。

本书主要作为大学及职业高校或培训班宝石学专业的宝石鉴定课程的教材使用，也可供宝石商贸人员及宝石爱好者作为鉴定手册使用。

图书在版编目 (CIP) 数据

珠宝鉴定 / 何雪梅，刘艺萌，刘畅编著 . —北京：
化学工业出版社，2019.3（2023.10 重印）
　ISBN 978-7-122-33848-8

　Ⅰ . ①珠…　Ⅱ . ①何…②刘…③刘…　Ⅲ . ①宝
石－鉴定②玉石－鉴定　Ⅳ . ① TS933

中国版本图书馆 CIP 数据核字 (2019) 第 025315 号

责任编辑：邢　涛　　　　　　　文字编辑：谢蓉蓉
责任校对：张雨彤　　　　　　　装帧设计：韩　飞

出版发行：化学工业出版社（北京市东城区青年湖南街 13 号　邮政编码 100011）
印　　装：涿州市般润文化传播有限公司
710mm×1000mm　1/16　印张 14$\frac{1}{2}$　彩插 8　字数 237 千字
2023 年 10 月北京第 1 版第 2 次印刷

购书咨询：010-64518888　　　　　　售后服务：010-64518899
网　　址：http://www.cip.com.cn
凡购买本书，如有缺损质量问题，本社销售中心负责调换。

定　　价：68.00 元

　　随着我国珠宝行业的飞速发展，宝石鉴定在宝石学教育、科研及商贸中起着越来越重要的作用。近年来，我国有十余所高等院校及职业教育均开设了宝石学专业及珠宝研究方向，为适应新时期宝石学教育的需求、配合宝石鉴定课程的教学，结合二十余年的教学实践和经验，编写了这本书。

　　本书介绍了常用宝石鉴定仪器的结构、设计原理和实际操作步骤及应用范围，并对各类宝石的鉴别要领依照其特征不同分别做了针对性的描述，还对各种宝石的物理化学性质和鉴别特征进行了归纳总结，运用表格的形式，通过对比的方法突出了各类常见宝石的鉴别要点，具有很强的实用性。

　　全书共分十七章，第一章概论中介绍了宝石鉴定的原理、鉴定的目的、鉴定的对象、鉴定的步骤，以及总体观察和宝石常规仪器鉴定的原理与方法；其余各章分别对名贵宝石（钻石、祖母绿、红宝石、蓝宝石、猫眼石和变石）、普通宝石（海蓝宝石、碧玺、欧泊、石榴石、橄榄石、坦桑石等）、各种玉石（翡翠、和田玉、独山玉、岫玉、绿松石、孔雀石、青金石等）和有机宝石（珍珠、珊瑚、琥珀）的鉴别特征进行了详细的阐述，还补充介绍了现阶段国内不同地区不断涌现的新玉种（如泰山玉和南红、北红、战国红玛瑙等）。

　　除了常规的裸石鉴定知识外，书中还拓展介绍了一些原石和宝石的合成以及优化处理产品方面的鉴别要点，并以图片和表格的形式进行展示说明，在书后还附有各种珠宝玉石鉴定特征一览表供读者进行查询，实现快速鉴定。需要说明的是，书中所列数据为普遍值，不同产地或不同特征的宝石个体其数据会有所差异，应具体问题具体分析进行应用。

本书以最新出台的珠宝玉石国家标准为依据，结合目前珠宝市场产品现状，推陈出新。全书层次清晰，内容丰富，深入浅出，符合循序渐进的教学规律，有利于广大学生和读者快速有效地掌握珠宝玉石鉴定的原理与方法以及各种珠宝玉石品种的鉴别特征。

　　本书主要作为高等院校及高等职业教育或培训班宝石学专业宝石鉴定课程的教材使用，也可供宝石商贸人员及宝石爱好者作为鉴定手册使用。

编著者

2018年9月

珠宝鉴定

目录
Contents

第一章　概论 /1

第二章　钻石 /54

第三章　红宝石和蓝宝石 /64

第四章　祖母绿、海蓝宝石及其他绿柱石 /78

第五章　金绿宝石 /89

第六章　欧泊 /97

第十章　托帕石、水晶 /125

第十一章　翡翠 /135

第十五章 石英质玉 /176

第十六章 珍珠 /185

第一章
概　论

　　宝石鉴定是讲述鉴别宝石的方法和理论的一门课程，是宝石学专业的一门重要的专业课。要掌握这门课的知识，需要有扎实的结晶学、矿物学、岩石学和晶体光学等方面的知识，更重要的是具备宝石学的基础知识。宝石鉴定不仅是学习鉴别宝石技能和经验的基础课，而且是学习鉴别和评价宝石质地所需观测能力和思维方法的专业基础课。因为，宝石鉴定是宝石学研究的基础，也是宝石商贸的基础，能为宝石的商业贸易提供保障，所以学习宝石鉴定具有重要的实际意义。

　　宝石鉴定的方法和手段主要依据宝石不受损的原则来确立。因此，宝石鉴定主要是对宝石光学性质的测定，如宝石的折射率、反射率、多色性、色散、均质性和非均质性等。其次是对宝石密度等的测定，以及荧光、吸收光谱、热学性质等方面的辅助观测，而有可能损坏宝石的机械性质（如硬度）方面的测定则不予提倡。

　　宝石鉴定的目的主要有以下几点：

　　① 确定宝石的品种；

　　② 判别天然宝石和人工宝石；

　　③ 鉴别宝石是否经优化、处理，包括其颜色是否经着色、染色处理等；

　　④ 检验宝石的加工水平和评价宝石的质量。

　　宝石鉴定的具体对象有以下四种。

　　① 宝玉石原料。鉴定的方法较多，并可做有损检测。

　　② 宝石成品。包括素面和刻面宝石，检测最为方便。

　　③ 首饰中宝石成品。指镶嵌好的首饰中宝石品种及质量的检验，检测较为困难。

　　④ 玉雕。鉴定的方法受到玉件尺寸、抛光度等方面的限制，检测较为困难。

宝石鉴定的步骤通常分以下三步：

① 总体观察，也称肉眼鉴定或经验鉴别；

② 常规仪器鉴定；

③ 签发鉴定报告（或提出须进行大型专项仪器鉴别的目的和要求）。

宝石鉴定是一门实践性很强的课程，因此，大家在学习过程中要理论联系实际，充分利用已学课程中的基本理论、基础知识，针对给定宝石样品和可利用的仪器设备，多观察、多练习、多思考，才能掌握所学的检测技能并学会正确的思维方法。

第一节　总体观察

总体观察也称肉眼鉴定，是宝石鉴定的基础，也是宝石鉴定的第一步。通过对宝石的颜色、透明度、光泽、色散、特殊光学效应、断口、解理等外观特征的直接观察，可以在用仪器测试之前获得基本的信息，并对样品的可属性有一个初步的认识，为进一步针对性地选择有效的仪器、正确鉴定出宝石品种并予以评价打下良好的基础。

总体观察的内容包括宝石琢型（或琢形）、颜色、透明度、光泽、色散、特殊光学效应、断口、解理、裂开及掂重和寻找拼合石特征等方面。对宝石原石的观察，除将琢型（或琢形）一项改为形态特征描述外，其余各项均与已切磨的宝石样品的观察内容相同。

一、宝石琢型（或琢形）的观察

宝石被切磨加工成的形状称为宝石的琢型（或琢形，对玉雕则只能称为琢形）。宝石的琢型通常分为四大类：刻面型、弧面型、珠型和异型。

1．刻面型

也称棱面型、小面型和翻光面型。该型的特点是由许多小刻面按一定规则排列组合而构成的，多呈规则对称的几何多面体。该琢型的种类据统计达数百种之多。国际上依据其形状特点和小面组合方式的不同分为钻石式、阶梯式、玫瑰式和混合式四类（分别见图1-1～图1-4）。又可根据腰部的形状分为圆形、椭圆形、梨形、橄榄形、方形、长方形、三角形和心形等琢型。

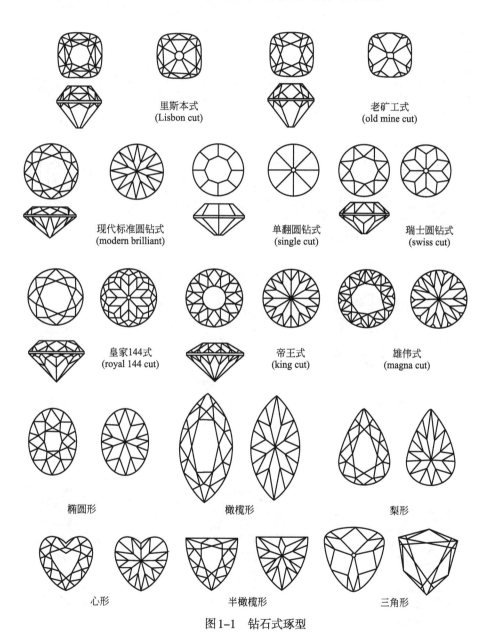

里斯本式
(Lisbon cut)

老矿工式
(old mine cut)

现代标准圆钻式
(modern brilliant)

单翻圆钻式
(single cut)

瑞士圆钻式
(swiss cut)

皇家144式
(royal 144 cut)

帝王式
(king cut)

雄伟式
(magna cut)

椭圆形

橄榄形

梨形

心形

半橄榄形

三角形

图1-1 钻石式琢型

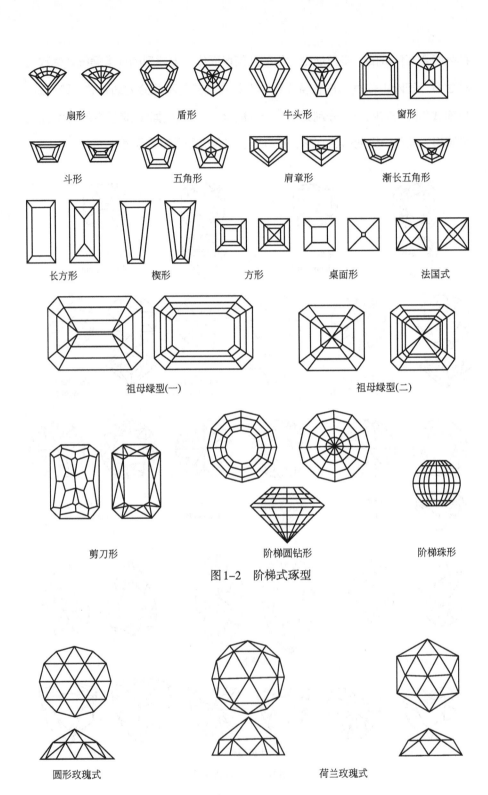

扇形　　　　盾形　　　　牛头形　　　　窗形

斗形　　　五角形　　　肩章形　　渐长五角形

长方形　　　楔形　　　方形　　桌面形　　法国式

祖母绿型(一)　　　　　　祖母绿型(二)

剪刀形　　　　　　阶梯圆钻形　　　　　阶梯珠形

图1-2　阶梯式琢型

圆形玫瑰式　　　　　　　荷兰玫瑰式

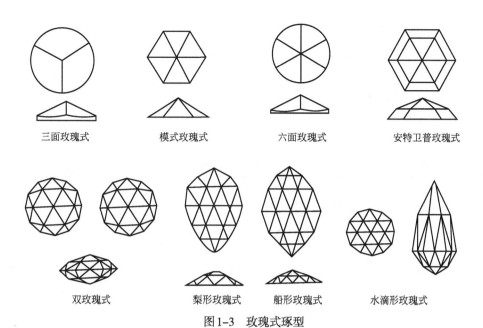

三面玫瑰式	模式玫瑰式	六面玫瑰式	安特卫普玫瑰式

双玫瑰式	梨形玫瑰式	船形玫瑰式	水滴形玫瑰式

图1-3　玫瑰式琢型

开罗星式	长泪式	弯顶式	圆顶式

二十世纪式	纪念式	五星式	半月式

螺栓式	巴利奥钻式	心式变形

图1-4　混合式琢型

2. 弧面型

也称素面型和凸面型。其特点是观赏面为一弧面。根据其腰部的外形可分为圆形、椭圆形、橄榄形、心形、矩形、方形、垫形、十字形、垂体形等；若根据其纵截面的形状可分为单凸面形、扁豆形、双凸面形、空心凸面形和凹面形等（见图1-5）。

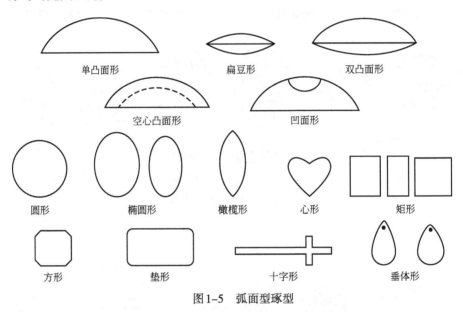

单凸面形　　　　　扁豆形　　　　　双凸面形

空心凸面形　　　　　　凹面形

圆形　　　椭圆形　　　橄榄形　　　心形　　　矩形

方形　　　　垫形　　　　十字形　　　垂体形

图1-5　弧面型琢型

3. 珠型

该型多用于中、低档宝石的加工中。根据其形态特征可进一步分为圆珠、椭圆珠、扁圆珠、腰鼓珠、圆柱珠和棱柱珠等。其中棱柱珠又可分为长方体珠、正方体珠、三棱柱珠和菱形柱珠等琢型（见图1-6）。

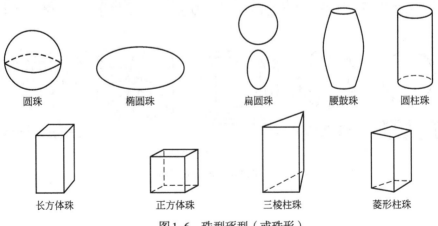

圆珠　　　椭圆珠　　　扁圆珠　　　腰鼓珠　　　圆柱珠

长方体珠　　　正方体珠　　　三棱柱珠　　　菱形柱珠

图1-6　珠型琢型（或珠形）

4. 异型

该型包括自由型和随意型两种类型。其特点是可根据人们的喜好或者原石的形状琢磨成不对称或不规则的形态，多用于琢磨一些高档宝石，以力求保持原石的重量。

宝石琢型（或琢形）的描述要尽量简要、明确，应按小类在前、大类在后的顺序命名，如椭圆刻面型、心形弧面型、圆柱珠型、蝴蝶异型等。

对玉雕琢形的描述可根据其雕琢的人物、动物、花鸟鱼虫及风景等形态，并赋予一定的文化内涵进行定名。如白菜与螳螂（翡翠雕件）、蝉（汉白玉雕件）、竹报平安（翡翠雕件）等。

对原石（原料）形态的描述可视其具体外部形状而定。如六方柱（蓝宝石原料）、八面体（钻石晶体）等。

二、宝石颜色的观察

宝石的颜色是指宝石对可见光均匀吸收或选择性吸收后透射或反射光表现出的颜色。

宝石颜色的观察必须在白色的背景下，用顶光（反射光）观察宝石表面，光源应用日光或与之等效的光。

宝石颜色的描述用最常用的目测法命名时，可按颜色的纯度分为单色宝石和复色宝石两种，不仅要描述宝石颜色的色调，还要描述宝石颜色的明暗、深浅及均匀程度。

对光谱色单一的单色宝石，可直接进行描述，如红色、浅蓝色等。对光谱色不纯的复色宝石，则要按不同色调的主次进行描述。次者在前，主者在后，如一颗红色宝石略带紫色调，应描述为紫红色；若其颜色又浅，则应描述为浅紫红色。

此外，肉眼可见明显的多色性或吸收性时，也应描述在颜色项下。对宝石颜色的描述还包括对宝石色斑和色带的描述。对色斑和色带的描述包括其部位（分布位置）、形状、大小、宽窄和深浅等方面的内容。

✹ 注意：宝石（尤其是红色宝石）在不同光源（例如白炽灯和日光灯）下所呈现的颜色稍有不同。

三、宝石透明度的观察

宝石的透明度是指宝石透过可见光的能力，或者说是宝石允许光透过的程度。

宝石的透明度也是评价宝石质量的一个非常重要的因素。除厚度影响外，单晶宝石透明度的大小取决于宝石的化学成分、内部结构以及内含物（包裹体）的色度、大小和多少；玉石的透明度则取决于其矿物组分和结构、构造特征。

宝石的透明度通常分为以下五级：

① 透明。可充分透过光线，通过宝石可极明显地看到对面的物体。

② 亚透明。能透过宝石看景物，但有些模糊。

③ 半透明。透光困难，无法透视。

④ 亚半透明。透光很少，仅在宝石的边缘或裂隙部位能透过少量光线。

⑤ 不透明。不透光。

✹ 注意：宝石的透明度一定要使用自然光透射观察。对宝石透明度的观察要注意宝石的厚度和光源的强度，各级透明度之间没有明确的划分界限。

四、宝石光泽的观察

宝石的光泽是指宝石表面对可见光的反射能力。

影响宝石光泽的因素主要是宝石本身的成分（或矿物组分）和内部结构（或结构、构造）。一般来说，宝石的折射率越大，光泽越强。另外，宝石的光泽还与宝石表面的光洁度有关。对同一种宝石来说，宝石表面的光洁度越高，其光泽越强。

1. 透明宝石的光泽

在宝石鉴别中，透明宝石的光泽可分为如下五级：

① 金刚光泽。宝石的折射率为2.00～2.60，如钻石。

② 亚金刚光泽。宝石的折射率为1.90～2.00，如锆石。

③ 强玻璃光泽。宝石的折射率为1.70～1.90，如金绿宝石。

④ 玻璃光泽。宝石的折射率为1.54～1.70，如碧玺。

⑤ 亚玻璃光泽。宝石的折射率为1.21～1.54，如萤石。

2. 半透明至不透明宝石的光泽

不透明或半透明的宝石可根据其折射率或特殊的结构或表面特征分为如下七个等级：

① 金属光泽。宝石的折射率大于3.00。如赤铁矿。

② 亚金属光泽。宝石的折射率为2.60～3.00，如黑色合成金红石。

③ 金刚光泽。宝石的折射率为2.00～2.60，如乌钢石。

④ 亚金刚光泽。宝石的折射率为1.90～2.00，如黑色锡石。

⑤ 强玻璃光泽。宝石的折射率为1.70～1.90，如水钙铝榴石。

⑥ 玻璃光泽。宝石的折射率为1.54～1.70，如青金石。

⑦ 亚玻璃光泽。宝石的折射率为1.21～1.54，如欧泊。

3. 受结构构造或表面光洁度影响的宝石的光泽

不论透明、半透明还是不透明，也不论反光表面不平还是受结构构造影响，宝玉石还可表现为以下光泽（又称变异光泽）：

① 丝绢光泽。具细针状包裹体近平行排列的宝石或具纤维构造的宝石具有的光泽，如木变石。

② 珍珠光泽。具细小片状个体叠瓦状排列的宝石具有的光泽，如珍珠。

③ 油脂光泽。是隐晶质集合体宝石常具有的光泽，也可在宝石的贝壳状断口或似贝壳状断口处呈现，如软玉。

④ 蜡状光泽。表面光洁度较差，结构较疏松的宝石常具有的光泽，如绿松石。

⑤ 树脂光泽。密度和硬度均低的非晶质宝石常具有的光泽，如琥珀。

⑥ 沥青光泽。是黑色不透明宝石平坦的断口上具有的光泽，如煤玉。

⑦ 土状光泽。也称无光泽，是表面粗糙呈粉末状的不透明宝石常具有的光泽，如绿松石中的"面松"品种。

❋ 注意：

① 观察宝石的光泽应使用反射光照明。

② 对于隐晶质集合体宝石，由于其组成矿物成分变化较大，同一品种其结构构造变化也较大，因而其光泽的类型较多，如绿松石，也可以呈玻璃光泽，还可以呈油脂光泽。

③ 一粒宝石（尤其是原石）不同部位（如晶面或解理面、断口等）或抛光度不同可表现出不同的光泽，因此，观察宝石的光泽时应分别仔细检查宝石的抛光面、粗糙面和断口处的表面特征，其光泽表现的细微差异也有助于识别晶

面与解理面、解理面与断口、解理的完全程度与抛光面的质量等。

五、宝石色散的观察

宝石的色散是指宝石将白光分解成光谱色的现象。

宝石色散的强弱可以用色散值来表示，色散值通常是指红光686.7nm与紫光430.8nm两束单色光在同一颗宝石同一方向上测得的折射率的差值。色散越强色散值越大，反之越小。常见宝石的色散值见表1-1。一般来说，宝石的色散值随宝石折射率的增加而增加，并有强弱之分，可划分为弱（0.020以下）、中等（0.020～0.037）、强（0.038～0.060）和极强（0.060以上）四个等级。

表1-1 常见宝石的色散值

宝石名称	色散值	宝石名称	色散值	宝石名称	色散值
合成金红石	0.330	蓝锥矿	0.044	红、蓝宝石	0.018
人造钛酸锶	0.190	白钨矿	0.038	电气石	0.017
闪锌矿	0.156	锆石	0.028	锂辉石	0.017
锡石	0.071	人造钇铝榴石	0.028	方柱石	0.017
合成立方氧化锆	0.060	锰铝榴石	0.027	金绿宝石	0.015
翠榴石	0.057	镁铝榴石	0.022	托帕石	0.014
榍石	0.051	坦桑石	0.021	绿柱石	0.014
人造钆镓榴石	0.045	尖晶石	0.020	水晶	0.013
钻石	0.044	橄榄石	0.020	月光石	0.012

✱ 注意：鉴定折射率大于1.81的宝石时，色散是一个重要的鉴别特征。宝石色散表现的强弱还与宝石的颜色和宝石表面的光洁度有关。

六、宝石特殊光学效应的观察

某些宝石的变种在可见光下会出现特殊的光学效应，在判别、评价宝石时非常重要。

1. 猫眼效应

弧面宝石观赏面在光照下呈现出一条可移动的绢丝状光带，像猫眼睛虹膜的现象。观察时，应使用单一光源在宝石的顶端照射。猫眼线的粗细、长短、明显程度及是否居中均是鉴别和评价猫眼宝石的依据。

2. 星光效应

弧面宝石观赏面在光照下呈现出交叉星状光带，像夜空中的星光的现象。观察时，不仅要注意星线的粗细、长短、明显程度及汇聚点是否居中，而且要注意星光是否发自宝石内部以及星线交汇处是否有亮区等现象。

3. 月光效应

弧面宝石观赏面呈现出蔚蓝色或乳白色团状色光，酷似月光的一种现象。观察时要注意，具月光效应的宝石品种不同，则月光的光色也有所不同。

4. 变彩效应

弧面宝石观赏面呈现不规则排列的多种彩片或虹彩的现象，是欧泊、某些拉长石特有的一种效应。观察时要注意，随着光源或宝石的转动，宝石上的彩片可变换不同的颜色。

5. 砂金效应

由宝石内部含有的鳞片状或细小片状包体对光的反射所产生的宛如水中砂金的闪烁效应，也称金星光彩。观察时要注意宝石内部的细小片状包裹体对砂金光彩颜色的影响。

6. 变色效应

变色效应是指宝石在不同光源下呈现不同颜色的现象。观察时要注意光源改变时，具变色效应的宝石品种不同，变换的颜色也不同。

通常可具特殊光学效应的宝石品种见表1-2。

表1-2　通常可具特殊光学效应的宝石品种

特殊光学效应	宝石品种
猫眼效应	金绿宝石、红宝石、蓝宝石、海蓝宝石、碧玺、锂辉石、磷灰石、石英、长石、透辉石、顽火辉石、阳起石、方柱石、红柱石、柱晶石、木变石、玻璃
星光效应	红宝石、蓝宝石、铁铝榴石、尖晶石、透辉石、芙蓉石、石英、绿柱石、合成红宝石、合成蓝宝石、月长石
月光效应	月光石、玻璃、塑料
变彩效应	欧泊、拉长石、玻璃、塑料
砂金效应	砂金石英、日光长石、人造金星石（玻璃）
变色效应	变石、绿色蓝宝石、铬钒锰铝榴石、合成变色刚玉、变色玻璃

✸ 注意：

① 观察宝石的特殊光学效应大多数使用顶光（反射光），少数情况也可使用透射光进行观察，如石英透射星光效应的观察。

② 对于白色、浅色或无色近于透明的宝石，可将其置于暗色不透明衬底上观察，其特殊光学效应较为明显。

③ "猫眼石"一词专属于金绿猫眼，其他具猫眼效应的宝石命名时必须在"猫眼"前加上宝石名称，如碧玺猫眼、海蓝宝石猫眼、磷灰石猫眼等。

④ "变石"仅指具变色效应的金绿宝石，其他具变色效应的宝石命名时必须在"变色"后加上宝石名称，如变色蓝宝石、变色石榴石、变色萤石等。

七、观察宝石的解理、断口和裂开

宝石的解理、断口和裂开都是宝石在外力作用下发生破裂的性质。

1. 宝石的解理

宝石在外力的作用下（如敲打、挤压等），沿着一定结晶方向破裂成一系列平行且平整的破裂面，这种性质称为解理（仅见平行微裂纹时又称初始解理）。

根据解理面产生的难易程度（即破裂面平滑程度、裂块或裂面上有无断口共存或全部碎粒中出现解理面的百分数），解理可分为以下五级。

① 极完全解理：易剥成薄片。

② 完全解理：可裂成解理块或阶梯面。

③ 中等解理：解理面不太平滑。

④ 不完全解理：解理面不平整，裂面上与断口共存，主要为断口。

⑤ 极不完全解理：也称无解理，极难出现解理面。

宝石的解理常显示为一种平滑的裂隙，即解理纹，是鉴定成品的特征之一。平行的解理面常与无规则的断口构成阶梯状的断面；如果宝石完全解理，则易产生阶梯状破裂面。观察宝石的解理应找出解理的组数（一个方向叫一组）及解理面交角（直交、斜交）。

2. 宝石的断口

宝石受外力打击后在任意方向破裂并呈各种凸凹不平的断面，称为断口。

宝石断口的类型有以下几种。

① 贝壳状断口：断口不平滑、弯曲，常具有似同心环状破裂面，是一些单晶宝石和玻璃最常见的断裂面。

② 参差状断口：断口面不平坦，是由纤维结构或解理不发育而导致的破裂面。

③ 粒状断口：为粒状集合体所具有。

④ 平滑断口：相对平滑的平面状破裂面，与解理相似，但无阶梯状破裂面和解理纹。

对晶体的同一个方位来说，解理与断口出现的难易程度是互为消长的，即容易出现解理的方向不易出现断口。断口无论在晶体或非晶体上均可发生，而解理只能发生在晶体上。

3. 宝石的裂开

宝石在外力作用下沿着一定结晶方向裂开，但与解理成因不同，所以也称假解理。裂开面多是沿双晶接合面发生，也可沿定向包裹体分布处发生。

❋ 注意：

① 观察宝石的解理、断口和裂开要使用顶灯反射光，最好与破裂面呈45°方向观察。

② 应仔细观察宝石的表面亮度的细微变化，尤其是破裂面、断口的光泽，这些光泽有时是关键的鉴定特征。

八、掂重

这是估计宝石相对密度的一种方法。此方法不适用于已镶嵌好的宝石首饰和小于1克拉的宝石成品。

用手掂量宝石的重量，可粗略地将宝石样品依据相对密度的范围分为重的、中等的、轻的三类。

掂重有助于鉴定相对密度很高或很低的材料；还可根据掂重的差异估测常见宝石品种范围。

九、寻找包裹体和拼合石的特征

1. 寻找包裹体的特征

寻找包裹体的特征是指寻找肉眼可见的包裹体的特征。

某些质量较差的宝石，由于其裂隙发育或包裹体粗大造成透明度降低，因此能用肉眼或10倍放大镜观察到包裹体及其特征，如某些红宝石和祖母绿中的矿物包裹体或绺裂等。

2. 寻找拼合石的特征

寻找拼合石的特征是指寻找所有能确定为拼合石的肉眼可见的特征。

观察时应仔细寻找拼合石的接合面，并注意同一宝石样品上不同部位颜色、光泽是否有差异。

十、观察宝石的重影现象

某些宝石品种具很强的双折射，当切磨成刻面宝石且透明度好时，用肉眼或放大镜便能透过台面看到底部棱线的重影（双影），如锆石、橄榄石、碧玺、冰洲石等。此外，将晶形完好或经抛光的此类宝石（原石或弧面型宝石）置于有字迹的纸上，或可透过宝石观察到字迹有重影的现象。运用此种方法可估计非均质体宝石双折射率的大小。

十一、观察玉石的结构构造特征

通过对集合体中个体粒度大小、自形程度、排列方式等结构构造特征的观察，可以鉴别玉石的品种并对同一品种的玉石进行分级和评价。

1. 玉石品种的典型结构

变斑晶交织结构或变晶交织结构	常见于翡翠
毡状交织结构	常见于软玉
等粒状结构	常见于石英岩
粒状结构	常见于大理岩
放射状纤维结构	常见于葡萄石
纤维网斑状结构	常见于蛇纹石玉

2. 玉石根据结构的分级和评价

（1）翡翠

结构细腻（肉眼难见晶粒）	质地优等
结构较细腻（肉眼可见晶粒）	质地良好
结构不细腻（肉眼易见晶粒）	质地中等

| 结构较粗（晶粒明显） | 质地较差 |
| 结构很粗（晶粒极明显） | 质地劣等 |

（2）软玉

结构细腻	特级、一级、二级；
结构较细腻	三级；
结构粗糙	等外。

✹ 注意：玉类分级和质量评价的标准包括很多因素，结构、质地只是因素之一。

① 一些结构是隐晶质的特征结构，并不是全凭肉眼能观察到的。

② 某些典型结构并非仅见于上文所列的常见品种。

③ 同一种玉石甚至一块玉石的不同部位可具有不同的结构、构造。

第二节 宝石的常规仪器鉴定

宝石的常规仪器鉴定是宝石鉴定的重要手段，是宝石鉴定中至关重要的一步，它能在宝石经验鉴别的基础上进一步确定宝石品种或进一步缩小宝石品种的范围，为宝石商贸提供可靠的保障，并为宝石科研提供科学依据和信息。

一、放大检查

放大检查是宝石鉴定中非常重要的一部分。它能揭露宝石内部存在的较细微的瑕疵和生长遗迹，进而分辨天然宝石和人工宝石，能查找出各种人工处理的迹象，并能对宝石的双折射率进行估测。

目前使用的放大设备主要有两种：宝石显微镜和宝石放大镜（见彩1-1）。

（一）宝石显微镜

1. 宝石显微镜的结构

宝石显微镜主要由放大观察部分（目镜、物镜、目镜盖）、光源部分（反射光源、透射光源）、调节变换部分（瞳距调节、焦距调节、放大倍数调节、光源性质与明暗调节等）、载物部分（载物台、镊子）等组成，总体外观如图1-7所示。

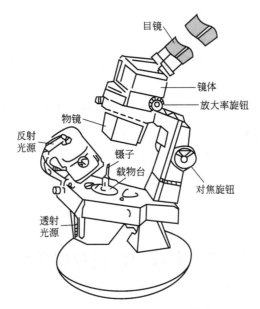

目镜

镜体

放大率旋钮

物镜

反射
光源

镊子

载物台

对焦旋钮

透射
光源

图1-7　宝石显微镜的总体外观

2. 宝石显微镜的使用方法

（1）样品的准备　所测宝石样品要求表面清洁。在测试前，样品必须用酒精或其他清洗剂清洗。

（2）调节显微镜

① 将样品置于载物台上，开启光源。

② 用不带可调旋钮的目镜对准样品，调节对焦旋钮，待看清楚后，再调节带可调焦距的目镜焦距，用双眼检查所调焦距是否合适，直至双眼同时清楚地观察到样品为止。

（3）观察样品

① 先用低倍镜全面观察宝石样品以获得一个整体印象。

② 逐渐加大放大倍数（若只用10倍目镜，为10～40倍；若加上2倍增透镜或用20倍目镜，可为20～80倍），寻找宝石样品的鉴别特征。

③ 可选用下列不同的照明方式进行观察（见图1-8）。

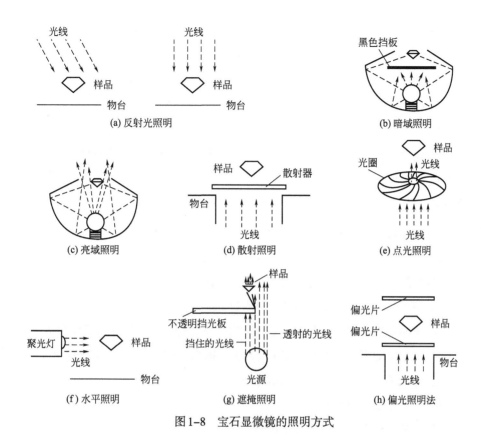

图1-8 宝石显微镜的照明方式

a. 反射光照明：在宝石的斜上方用反射灯或光纤灯照明，用反射光可观察宝石表面的一切特征或部分内部特征。

b. 暗域照明：在宝石的背部使用黑色挡板产生侧光照明，使宝石内部的包裹体在暗背景下明亮、醒目地显示出来。

c. 亮域照明：光源从宝石背部直接照明，使宝石内部的包裹体（尤其是一些低突起的包裹体）在明亮的背景下呈黑色影像醒目地显示出来，并能有效地观察宝石的生长条纹。

d. 散射照明：在宝石的背部放置散射器（面巾纸或毛玻璃等），使光线散射更为柔和，有助于对宝石色环和色带的观察。

e. 点光照明：用锁光圈将光源缩成小点并直接从宝石的背后照明，使宝石的弯曲条纹和其他结构特征更易于观察。

f. 水平照明：在宝石的侧面用细光束照明，从宝石的上方进行观察，使宝石内部的针点状包裹体和气泡呈明亮的影像十分醒目地显示出来。

g. 遮掩照明：在宝石的背部用一不透明的挡光板挡住一侧的光线，能戏剧性地增加宝石内部包裹体的三维空间感，并有助于观察宝石的结构，尤其是弯曲条纹和双晶等。

h．偏光照明法：在宝石的上下部位加上下偏光片，能观察到宝石的干涉图和其他用偏光镜观察的现象，但要在照明光度足够大时才比用偏光镜观察的效果好。

❋ 注意：除了上述照明方式外，还可采用反射光和透射光同时照明的方式或其他复合照明方式进行放大观察，或将宝石样品放在浸液槽中的液体里进行观察。

3. 宝石显微镜下可观察的内容

（1）宝石的表面特征　通常用反射光照明法观察。

① 裂隙、炸纹：多呈折线状或不规则裂缝。

② 解理、裂开和断口：特征同总体观察。

③ 擦痕和光洁度：受宝石硬度的影响，并直接影响宝石的光泽和色散。

④ 加工精细程度：主要是加工的角度、搭接和抛光质量等方面的观察。

⑤ 寻找拼合石的特征：同总体观察。

（2）宝石的内部特征

① 结构、构造特征：同总体观察。

② 包裹体：宝石内部的包裹体是宝石鉴定的一个重要内容，它对于判别宝石的产地或成因类型、区分天然宝石与人工宝石有着非常重要的意义。

宝石内部的包裹体分为单相、两相和三相三种类型。单相类分别为气、液、固态包裹体；两相类分别为气液、不混容的液液、固液包裹体；三相类为气、液、固三相共存的包裹体。

由于某些宝石有其特有的特征包裹体，所以为宝石鉴定提供了有利依据，要熟悉以下特征包裹体：

指纹状包裹体　　　　　　　　如缅甸产的红宝石；

弧形生长纹及气泡　　　　　　如焰熔法合成红宝石；

三相包裹体　　　　　　　　　如哥伦比亚产的祖母绿；

竹节状包裹体　　　　　　　　如乌拉尔产的祖母绿；

逗号状包裹体　　　　　　　　如印度产的祖母绿；

两种互不混容的液态包裹体　　如托帕石；

睡莲叶状包裹体　　　　　　　如橄榄石；

管状包裹体 　　　　　　　　如碧玺；

密集排列的针状包裹体 　　　如铁铝榴石；

蜈蚣足状包裹体 　　　　　　如月光长石。

③ 双晶及双晶纹：此项特征在鉴别某些天然宝石和其合成品方面有重要意义，如天然水晶与合成水晶的双晶特征不同；天然红宝石可具百叶窗式的双晶纹，合成红宝石多数没有双晶等。

④ 生长纹和色带：这也是鉴别某些天然宝石和其合成品的重要特征。

⑤ 内部裂绺：可作为评价宝石质量和所鉴定宝石样品的识别标志，也可作为某些天然宝石和其合成品的辅助鉴别特征。

⑥ 宝石颜色的真伪：主要对那些裂隙发育的单晶宝石和玉石类样品的颜色进行鉴别，判断是否烷色。

⑦ 估测宝石的双折射率：透过宝石样品观察对面的棱线、包裹体、擦痕等，若有双影，则可判断该宝石具双折射。但是，通常只有双折射率较大的宝石才能看得到。

4. 宝石内部特征和表面特征的辨别

（1）改变光源性质法　用透射光照射宝石时所观察到的明显特征，若用反射光观察不到时，则说明此特征为内部特征。

（2）焦平面法　某特征与宝石表面部位可同时准焦，则说明此特征可能在该表面部位上。

（3）摆动法　在宝石围绕其中心转动的同时进行观察，根据其表面以下与表面上的物体转动的弧度不同来判断该特征所处的位置，并用上述方法核实。

5. 注意事项

① 放大倍数应从小到大调节，且不宜太大。否则，会由于显微镜的工作距离太短、视域太窄、照明困难等，造成失真，影响正确判断。

② 为减弱刻面宝石对光的折射和反射或散射的干扰，可采用浸没法观察，即将宝石样品完全浸没于水或油中，并可在浸液槽下放一张面巾纸，观察效果会更好。

③ 估测宝石的双折射率时，应从三个不同的方向观察，避免正好沿光轴方向观察。为证实双影现象，可在宝石样品上方转动偏光片，任何双影都会向前或向后略微移动，并可用已知双折射率的标样来估测宝石双折射率的大小。还要考虑样品的大小、厚度以及放大倍数对估测结果的影响。

④ 调整物镜焦距时，要避免大幅度下降镜筒，以防物镜被宝石刮伤或压破。

⑤ 保持显微镜清洁，镜头勿用手指触摸，可用镜头纸擦拭。

⑥ 暂时不用时要关灯，使用完毕后要加上显微镜罩。

（二）宝石放大镜

常用的宝石放大镜是一种手持放大镜，是宝石工作者随身必备之物。

1. 宝石放大镜的结构

宝石放大镜是由一个、两个或三个镜片与塑料或不锈钢套组成，见图1-9和彩1-1（a）。

单片镜片　　　　双片镜片　　　　三片镜片

图1-9　宝石放大镜

宝石放大镜的倍数有10倍、20倍和30倍等，但最常用的是10倍。宝石放大镜应具备球面半径一致、焦距稳定（即无球面像差和色差）、视域宽而清晰等特点。

2. 宝石放大镜的使用方法

① 用不起毛的布将宝石样品擦拭干净或用洗液清洗。

② 将放大镜尽量贴近眼睛，双眼睁开。

③ 用宝石镊子或宝石爪夹住或抓牢宝石样品，慢慢向放大镜靠近，至大约距放大镜2.54cm处，将持放大镜之手的小指抵在持宝石样品之手的食指或宝石镊子上，以保证视距稳定及准焦清晰。

④ 使光线照射在宝石样品上，用旁侧光并在无反射的暗背景下观察。放大镜本身不能被光直射。

⑤ 先观察宝石的表面特征，然后观察宝石的内部特征。

✱ 注意：宝石放大镜与宝石显微镜所观察的内容基本相同，但从观察的效果来看，前者远不如后者。但在宝石商贸中，涉及宝石的缺陷时，是以10倍宝石放大镜下观察的结果作为质地评价的依据。

二、偏光镜的应用

偏光镜是利用两个偏振片使自然光转化为平面偏振光，并且当上下偏振片的偏振方向处于相互垂直位置时，使光线不能通过的原理而制成的一种简单的光学仪器（见彩1-3）。在宝石鉴定中，偏光镜主要用于检测宝石的光性（判断均质体和非均质体），还可用于判断宝石的轴性、光符及检查宝石的多色性等。

（一）偏光镜的结构

偏光镜主要由上下两个偏光片、支架和底部白色光源组成，台式偏光镜的下偏光片上还装有载物台。其中下偏光片固定在下支架上，上偏光片放在上支架上，可来回转动（见图1-10）。一些台式偏光镜的上下偏光片之间还装有"干涉球"支架，以利于观测宝石的干涉图、干涉色特征，判断宝石的轴性。

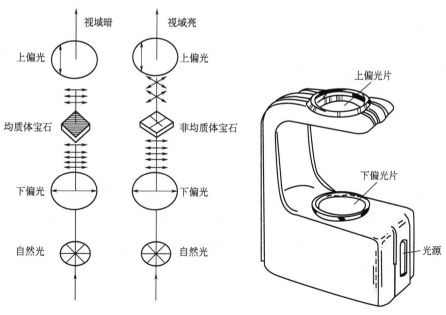

图1-10 偏光镜的工作原理及结构

（二）测定宝石的光性

1. 宝石样品的要求

① 宝石样品应透明至半透明，不透明或近于不透明的宝石不能用该仪器测定；

② 宝石样品尺寸不能太小，否则对观察和解释均会造成困难；

③ 宝石样品表面应清洁干净。

2. 基本操作步骤

① 开启光源。

② 转动上偏光片，使偏光镜视域处于黑暗状态（正交偏光）。

③ 将宝石样品置于下偏光片上或载物台上。

④ 将宝石样品转动360°，观察其现象并加以分析判断。

a. 全黑：单折射（均质体或非均质体垂直光轴方向、均质隐晶/微晶集合体）；

b. 全亮：不消光（非均质隐晶/微晶集合体）；

c. 四明四暗：双折射（非均质体单晶）；

d. 不规则明暗变化（斑纹状、网格状等）：双折射（非均质体单晶）或异常双折射（均质体）。

3. 验证异常双折射

当宝石样品在偏光镜下出现不规则明暗变化时，需进一步判断宝石样品是异常双折射还是双折射，也即判断是均质体还是非均质体单晶。判断的方法如下：

① 正交偏光下，将该宝石样品转至最亮位置（或宝石中局部位置处于最亮状态）；

② 迅速转动上偏光片，使上下偏光片平行，此时整个视域明亮，进行观察。

若宝石样品（或最亮部位处）明显变得更亮，则为异常双折射（均质体）；若宝石样品（或最亮部位处）亮度不变或变暗，则为双折射（非均质体单晶）。

❋ 注意：验证时，可用黑色板或手指遮挡下偏光片的大部分照明光线，以利于观察和判断。

4. 注意事项

① 至少要从三个不同方向测定宝石样品，以免仅得到宝石样品光轴方向的

测试结果。

② 某些单折射宝石样品（如石榴石、玻璃、欧泊和琥珀）由于定向或各向应力不同，可呈现几乎所有类型的偏光现象，应检查双折射率、多色性或重影来确定其单折射或双折射性质。

（三）测定宝石的轴性

1. 对宝石样品的要求

① 宝石样品应透明；

② 宝石样品必须为单晶体并且具双折射；

③ 宝石样品表面应清洁干净。

2. 基本操作步骤

① 开启光源。

② 转动上偏光片，使偏光镜视域处于黑暗状态（正交偏光）。

③ 将折射仪的目镜倒置于上偏光片上，以减小放大倍数。

④ 手持宝石样品置于上下偏光片之间，并将干涉球放在宝石样品的正上方。

⑤ 转动宝石样品，可采用下列方法之一寻找宝石样品光轴方向的标志。

a. 寻找干涉色：若有干涉色，则把干涉球置于干涉色最浓集的位置上以显示其干涉图。但对于厚度大的大尺寸宝石来说，它们呈现高级白干涉色，因此该法不奏效。

b. 试用寻光技术（二轴晶）：旋转宝石样品直至能观察到暗色消光帚的窄端（可能看到干涉色），将干涉球置于暗色消光帚的窄端上以显示其干涉图。

c. 若借助干涉色和暗色消光帚均无法定位，则可转动宝石样品，使干涉球与宝石的每一个部位接触。这样既可观察到干涉图，又可不必预测宝石的光轴方向。当所见干涉图不典型时，应再转动宝石，直到找到典型的干涉图为止。

⑥ 根据显示的典型干涉图（图1-11）判断宝石样品的轴性。

✸ 注意：寻找干涉色时，若在某一方向观察到干涉色，则在其相反方向（转180°）也可找到干涉色。通常一轴晶宝石样品在两个相交180°的方向可见到清晰的干涉色，而二轴晶宝石样品则有四个（两对互相反向的）这样的方向（图1-12）。

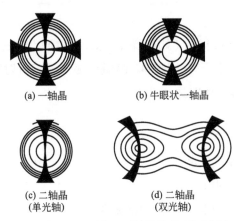

(a) 一轴晶　　　　　　　　(b) 牛眼状一轴晶

(c) 二轴晶　　　　　　　　(d) 二轴晶
(单光轴)　　　　　　　　　(双光轴)

图1-11　测定宝石轴性的典型干涉图

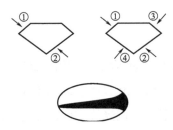

图1-12　寻找宝石的干涉色

⑦ 当宝石因裂隙仅显示部分干涉图（如二轴晶干涉图的一半或一轴晶干涉图的四分之一）时需进行如下验证性测试。

a. 在正交偏光下，确定部分干涉图的位置；

b. 将宝石样品绕其光轴转动并观察。若消光帚运动方向与宝石样品转动方向相反，为二轴晶；若消光帚保持不动，则为一轴晶。

3. 注意事项

① 验证性测试只有沿平行于光轴方向观察才有效。

② 某些光轴角（2V角）小的二轴晶宝石由于呈假一轴晶干涉图，因此无法进行验证性测试（如透长石和柱晶石）。

③ 某些一轴晶干涉图有变形的趋向，不要把它与光轴角（2V角）很小的二轴晶干涉图相混淆。

④ 某些一轴晶样品由于晶体结构遭破坏会呈异常干涉图（如低型锆石）。

⑤ 与石英试板配合可进一步测定宝石样品的光符。

⑥ 为减少宝石样品表面的折射和内反射干扰干涉图的清晰度，可在干涉球上滴一滴水或浸油，也可将宝石样品浸入水或浸油槽中。

⑦ 近于球形的刻面或弧面型玻璃及其他透明均质体或非均质体宝石，在偏光镜下有时会出现干涉球的聚光为锥光的效果，此时对于由应力造成的均质体异常消光干涉图而言，仅见干涉图无"牛眼"或"双牛眼"，或仅见黑帚（蛇形扭曲黑帚）而无干涉色圈。

⑧ 下偏光片本身（尤其是塑料质的）也会有假干涉图，要会区分。

⑨ 无干涉球用来作观测辅件时，也可试着用放大镜作测试辅件来寻找干涉图，但其锥光效果不如干涉球，而且放大后的干涉图也易混淆视觉。

（四）检查宝石的多色性

1. 宝石样品的要求

① 宝石样品应透明；

② 宝石样品必须为单晶并且有颜色；

③ 宝石样品表面应清洁干净。

2. 基本操作步骤

① 开启光源；

② 转动上偏光片，使偏光镜视域最明亮（上下偏光方向平行）；

③ 将宝石样品置于下偏光片上或载物台上；

④ 转动宝石样品观察其颜色的变化；

⑤ 若宝石样品具多色性，则宝石样品被调整到合适位置时，每旋转90°即可见不同的多色性颜色。

3. 注意事项

① 应从宝石样品的多个方向进行检查。

② 在检查多色性之前，可先测定宝石的光性，以便互相验证所得到的结果。

③ 偏光镜下所测得的多色性在色品特征方面不如二色镜法测定的准确，仅可作为辅助性鉴定，但对于多色性弱的或体色浅的宝石样品而言，在偏光镜下更易发现其多色性。

三、折射仪的应用

宝石的折射率通常使用折射仪进行测定。折射仪是根据光的全反射原理而制成的（见彩1-4）。

（一）折射仪的结构

折射仪主要由折射率大于1.81的反光镜（铅玻璃，或立方氧化锆等）、半球形工作台（也称半圆柱体测台）、1.30～1.81的刻度尺（也称标尺）、散射器（毛玻璃等）、目镜和套在目镜上的偏光片组成（见图1-13），附件有照明器、折射油及清洗液等。

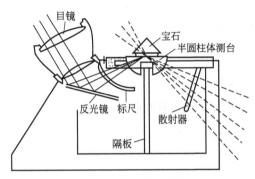

图1-13　折射仪的构造

（二）折射仪的使用方法

1. 测试的前提条件

① 宝石样品应有良好的抛光面。在其他条件相同的情况下，抛光越好，折射率的读数越精确，对于原石样品应有平滑的晶面或抛光面。

② 要准备好清洗剂、折射油及其他备品。

③ 光源使用单色光（钠光灯或黄光二极管灯）。

④ 开启光源后，折射仪的视域应明亮，刻度尺应清晰。

2. 测定刻面宝石的折射率

（1）基本操作步骤

① 将宝石样品和工作台清洗干净，并接好光源。

② 在工作台上滴一小滴折射油（折射率通常为1.78～1.81）。

③ 将宝石样品中最大且抛光最好的刻面放在油滴上，小心移动调整至工作台中央，盖上工作台盖子。

④ 眼睛在距离目镜3～5cm处上下移动或尽量靠近目镜，寻找刻度尺上的明暗交接处（阴影边），读出此阴影截止边的刻度，即为该样品的折射率。

✹ 注意：载物台上必然有所加浸油本身的折射率阴影线或色散线，当宝石的折射率大于浸油的折射率时则只能见到浸油的阴影线。

（2）单折射率的测定　从0°到90°来回转动目镜上的偏光片，观察阴影边是否移动。若不移动，则从0°到90°转动工作台上的宝石样品，每转动宝石后再来回转动偏光片并观察阴影边；或者调换宝石的测试面（如将台面换为冠/亭部刻面），重复以上操作。若从互相垂直的三个方向观测后，阴影边始终不移动，则说明所测试的宝石样品为单折射，属于均质体（等轴晶系晶体或非晶质体），阴影边的读数即其唯一的折射率。

（3）双折射率的测定　同（2）中操作，在转动偏光片的同时，阴影边移动，说明所测试的宝石样品为双折射。其双折射率（简称双折率）为宝石样品在工作台上从互相垂直的三个方向观测到的阴影边移动的最大距离，即所测得的最大和最小读数的差值（见图1-14）。

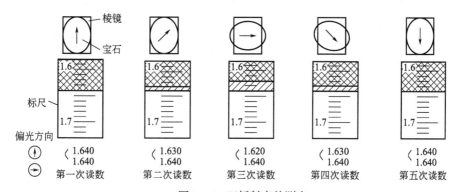

图1-14　双折射率的测定

✹ 注意：仅从一个刻面上即使能测到两个折射率，但未必是"最大双折射率"。

（4）根据双折射率特征判断轴性和光符　具双折射率的宝石既可为一轴晶，也可为二轴晶。除测试面恰好垂直样品的光轴方向外，在同一测试面上均具两个数值不同的折射率，但二轴晶宝石的第三个折射率需调换测试面测试。根据双折率特征判断其轴性和光符的方法如下：

① 加上目镜；

② 点折射油，并将宝石样品置于工作台中央且使其长轴方向与工作台长轴平行；

③ 稍转动宝石样品，并调整目镜上的偏光片，直至能同时观察到两个折射率读数；

④ 不动偏光片，只将宝石样品缓慢转动180°，并记下两个折射率的变化

情况进行判断（见图1-15）。

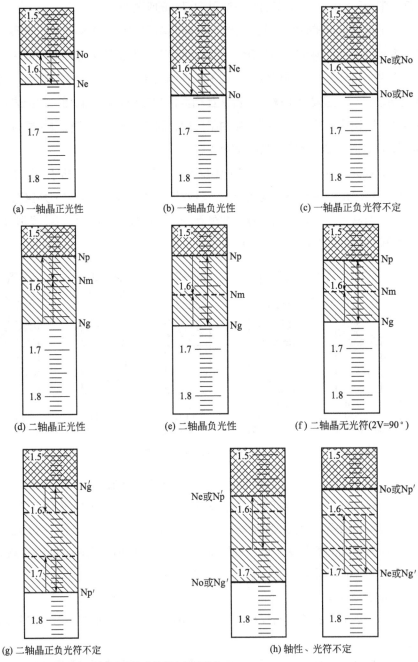

No、Ne分别代表一轴晶光率体中的两个主折射率
Nm、Ng、Np分别代表二轴晶光率体中的三个主折射率

图1-15　据双折射率特征判断宝石的轴性和光符示意图（——可动；——不动）

3. 测定弧面型宝石的折射率（点测法）

① 选用宝石样品抛光最佳的部位；

② 不放大（取下目镜）；

③ 在折射仪的金属部位滴一小滴折射油；

④ 将待测面沾上折射油并放置到工作台的中央，若样品为卵形，则使样品的长轴方向平行于工作台的长轴方向；

⑤ 在距折射仪30～35cm处观察宝石样品的点状影像，并选择下列三种点测法读数中的一种进行读数（图1-16）。

a. 1/2法：取点状影像为半明半暗位置时的读数，是点测法中较为精确的一种读数方法。

b. 明暗法：取点状影像急剧地由亮转暗位置的刻度值为所测折射率。

c. 均值法：点状影像的亮度在刻度尺的某一区间内逐渐变化，取最后一个全暗影像与第一个全亮影像的读数的平均值为所测折射率。这是点测法中最为不精确的一种读数方法。

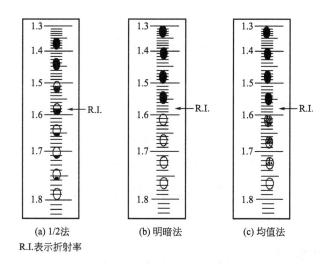

(a) 1/2法　　　　(b) 明暗法　　　　(c) 均值法

R.I.表示折射率

图1-16　点测法的三种读数方法

✹ 注意：过多的折射油会使影像过大或产生暗色环，还可产生弯曲的阴影截止边，甚至明/暗域颠倒。若折射油过多，可将宝石样品垂直拿起，擦去工作台上的折射油，再将样品置于工作台中心，如此反复操作，直至点状影像的大小覆盖2～3个刻度，再进行读数。

（三）注意事项

① 折射仪法测折射率有其局限性，能测得的折射率下限值约为1.35，上限值（取决于折射油的折射率）约为1.80或1.81。

② 由于工作台的硬度低，易被划伤，因此要在镜头纸上滴些酒精，用平行拖洗的方法清洗工作台；并且要用手小心地拿放工作台上的样品，切不可使用镊子。

③ 刻面宝石折射率读数应精确到千分位（即误差＜0.005），并且其精度和可靠性还取决于宝石样品的清洁程度及抛光质量、工作台的状态、所用折射油的多少、折射仪是否标定（可用已知样品标定）等因素。

④ 弧面型宝石样品底部若有抛光的平面，可采用测定刻面宝石折射率的方法，因为阴影截止边的读数总是比点测法的读数更为精确。

⑤ 折射率超过折射油极限的宝石样品，在1.80或1.81读数附近可见阴影边或光谱色会造成误判。但光谱色也有可能是由过多的折射油、不平整的刻面或上部光源的散射引起，并且当测台棱镜脱胶时，即使不加浸油其边棱也可见光谱色（色散）。

⑥ 折射油有较强的腐蚀性和毒性，测试完毕后要立即清洗工作台。

四、二色镜的应用

二色镜是根据非均质体宝石对不同振动方向的光进行选择性吸收从而产生不同颜色的原理而制作的。二色镜主要用于检测宝石的多色性，根据宝石多色性的类型、各方向颜色色调和/或纯度差异及明度强弱的变化，对多色性明显的宝石进行鉴定或识别。

（一）二色镜的结构

二色镜是利用具高双折射率的冰洲石棱镜将光穿过非均质体宝石后形成的两束偏振光分离开，即让宝石不同方向对白光选择吸收不同而呈现为两种不同颜色的光分别同时出现在两个亮视域中的仪器（见彩1-5）。二色镜主要由目镜、窗口、冰洲石棱镜块、玻璃棱镜及镜筒组成，也可用偏光片代替冰洲石制成简易二色镜（图1-17）。

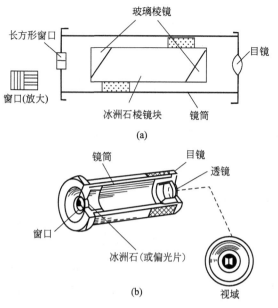

图 1-17　二色镜的结构

（二）测定宝石的多色性

1. 对宝石样品的要求

① 宝石样品应透明（或近于透明）；

② 宝石样品必须为单晶并且有颜色；

③ 宝石样品表面应清洁干净。

2. 基本操作步骤

① 将二色镜窗口对准强白光光源，从目镜中观察两个平行相连的方形或圆形亮视域。

② 用宝石爪或镊子抓牢或夹住宝石样品放在二色镜窗口的前面，使透过宝石样品的光进入二色镜窗口并进行观察。此时，眼睛、二色镜和宝石样品三者呈一线，且三者间应相距很近（各间距应为 2～5mm）。

③ 边观察边转动宝石样品或二色镜。

④ 当观察到二色镜两窗口有色差时，需将二色镜转动90°，若两窗口颜色互换，则表明宝石样品具多色性。必须从三个互相垂直的方向观察，若宝石样品总共只有两种颜色变化则表明具二色性；若宝石样品有三种颜色变化则表明具三色性。

3. 常见宝石的多色性

常见宝石的多色性见表1-3。

表1-3　常见宝石的多色性

	宝石名称	多色性明显程度	多色性颜色变化	备注
红色宝石	红宝石	强	二色性：红－橘红	一轴晶
	红碧玺	强	二色性：深红－粉红	一轴晶
	铯绿柱石	明显	二色性：粉红－淡蓝	一轴晶
	芙蓉石	弱	二色性：粉红－淡粉红	一轴晶
	变石	强	三色性：红－淡黄－绿	二轴晶
	粉色托帕石	明显	三色性：粉红－极淡红－无色	二轴晶
	红柱石	强	三色性：暗红－灰绿－褐黄	二轴晶
绿色宝石	祖母绿	弱	二色性：翠绿或深绿－蓝绿	一轴晶
	绿色蓝宝石	强	二色性：蓝绿－黄绿	一轴晶
	绿碧玺	强	二色性：深绿－淡绿	一轴晶
	猫眼石	强	三色性：黄绿－黄－褐黄	二轴晶
	橄榄石	弱	三色性：绿－黄绿－淡黄	二轴晶
蓝色宝石	蓝宝石	强	二色性：蓝－淡绿或暗紫	一轴晶
	蓝锥矿	强	二色性：紫－淡红灰	一轴晶
	海蓝宝石	明显	二色性：淡蓝－无色	一轴晶
	蓝碧玺	强	二色性：深蓝－淡蓝	一轴晶
	蓝锆石	明显	二色性：天蓝－无色	一轴晶
	蓝色托帕石	明显	三色性：淡蓝－淡粉红－无色	二轴晶
	坦桑石	强	三色性：蓝－淡蓝－紫	二轴晶
	堇青石	强	三色性：深紫－蓝灰－无色	二轴晶
紫色宝石	紫色蓝宝石	强	二色性：紫－淡黄	一轴晶
	紫晶	弱	二色性：紫－淡紫	一轴晶
	紫方柱石	强	二色性：紫－淡蓝	一轴晶
	紫锂辉石	强	三色性：紫－粉红－无色	二轴晶
黄色宝石	帝王托帕石	明显	三色性：橘黄－褐黄－带粉的黄	二轴晶
	金绿宝石（深）	强	三色性：柠檬黄－淡黄－无色	二轴晶
	黄锂辉石	强	三色性：淡黄－深黄－黄	二轴晶
	黄锆石	弱	二色性：淡褐－黄、蜜黄	一轴晶

4. 注意事项

① 应使用透射白光光源，不能使用偏振光，并且观察时应选择无反射的白色背景。

② 宝石的长、宽、厚差异大时，不同方向的颜色差异也可能是由于宝石样品体色色调的浓淡变化，而非多色性的表现。

③ 在测定多色性之前或之后，可测定宝石的光性，以便互相验证所得到的结果。

④ 至少要从宝石样品的三个方向进行检测（避免沿光轴方向）。

⑤ 具三色性的宝石为二轴晶，但具二色性的宝石既可为一轴晶也可为二轴晶。

⑥ 勿将两种颜色的过渡色当成是第三种颜色，而误认为宝石具三色性。

⑦ 勿将宝石样品直接放在光源上，以免宝石样品受热引起多色性的变异。

⑧ 勿将宝石样品的色带或色斑与多色性相混淆。

⑨ 测定宝石的多色性不仅要观察多色性的颜色还应观察多色性的强弱，并做好记录。

⑩ 同一宝石品种，其多色性的颜色和强弱可不同。

⑪ 宝石的厚度和本身颜色的深浅也会影响多色性的明显程度。

⑫ 对于弱多色性的宝石样品应慎重对待，不要轻易下结论，必须通过其他鉴定手段（如使用偏光镜）验证。

⑬ 某些宝石在不同方向既有明显的色调变化，又表现出强烈的明暗变化（即具明显的吸收性），在这种情况下，应单独记录这种吸收性特征。

五、宝石密度的测定

宝石的密度值是鉴定宝石的一个重要的物理常数。目前用于测定宝石密度的方法主要有静水力学法和重液法两种。

（一）静水力学法

静水力学法是根据阿基米德定律来测定宝石相对密度的一种方法。静水力学法测定宝石相对密度通常使用电子克拉天平法，所使用的仪器是由电子克拉天平改装而成的（见彩1-10），其主要组成部分为电子克拉天平、烧杯和烧杯支架、金属丝筐及其支架等附件（图1-18），使用水作为介质液体。由于电子克拉天平是一种带电脑的单盘天平，可直接显示出两个数据的差值，所以测定宝石样品相对密度的计算公式为：

$$D_{宝} = \frac{M}{\Delta M} D_{液}$$

式中　$D_{宝}$——宝石的相对密度；

　　　$D_{液}$——介质液体的相对密度，通常指的是4℃时水的相对密度为1；

　　　M——宝石在空气中的质量；

　　　ΔM——宝石在空气中的质量与宝石在介质液体中的质量之差值。

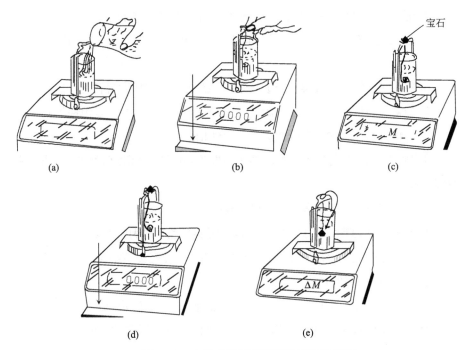

(a)　　　　　　　　　　(b)　　　　　　　　　　(c)

(d)　　　　　　　　　　(e)

图1-18　电子克拉天平的装置及操作步骤

操作步骤如下（图1-18）：

① 在烧杯中注入2/3～3/4容积的水；

② 将金属丝筐挂在金属丝筐支架上（其中第二个金属丝筐浸没在烧杯的液体中），按动操作键使天平数据显示为零；

③ 清洁宝石样品并擦干，将宝石样品置于第一个金属丝筐中，天平数据显示为M，记录该数据；

④ 再次按动操作键，将M数值储存在天平电脑中；

⑤ 将宝石样品再置于第二个金属丝筐中，并确保宝石样品完全没入液体中，按动操作键，此时天平数据显示的数值即为ΔM值；

⑥ 将M值、ΔM值和$D_液$代入公式计算即可得出宝石样品的相对密度$D_宝$。

✸ 注意：每次测定时都要校准天平的零位；电子克拉天平灵敏度较高，操作时动作要轻，以确保读数准确；多孔宝石、复合矿物宝石（多矿物宝石）及镶好的首饰不宜用静水力学法测定宝石的相对密度。

（二）重液法

重液法是将待测宝石样品放入一套密度值不同的重液中，观察其沉浮情况而确定宝石相对密度的一种方法。在没有天平或流动作业环境中，重液法测定宝石的相对密度是一种有效的鉴定手段，尤其对小颗粒宝石样品更为方便快捷。

1. 重液及其配制

（1）重液系列　通常由四瓶重液组成，每瓶所盛重液大约为25mL。在有条件的情况下，可配制四瓶以上的重液系列。

① 美国宝石仪器公司提供的重液系列，其相对密度为2.57、2.67、3.05和3.32。

② 英国FGA（英国宝石协会和宝石检测实验室）重液系列，其相对密度为2.65、2.89、3.05和3.33。

（2）配制方法　将一小粒标准宝石放入纯原液中，边加稀释剂，边用玻璃棒充分搅拌，直至标准宝石呈悬浮状态为止，所得混合液的密度即为标准宝石的密度。

① 常用标准宝石及其相对密度：

琥　珀 1.08；	月光长石 2.56；	水　晶 2.65；
方解石 2.71；	软　玉　2.95；	电气石 3.05；
萤　石 3.18；	翡　翠　3.33；	橄榄石 3.34；
钻　石 3.52；	托帕石　3.53；	刚　玉 4.00。

② 常用重液配方：

饱和盐水（1.13）	原液1.13；
三溴甲烷（2.89）＋甲苯（0.88）	配成重液2.65；
三溴甲烷（2.89）	原液2.89；
三溴甲烷（2.89）＋二碘甲烷（3.33）	配成重液3.05；
二碘甲烷（3.33）	原液3.33；
克列里奇液（4.15）＋水（1.00）	配成重液3.33～4.15。

2. 操作步骤

① 用酒精清洁样品并擦干。

② 手掂样品估计其相对密度，以决定最先用哪种相对密度的重液。

③ 用镊子把样品完全浸入已知相对密度的重液中，并把镊子靠在重液瓶内侧，以逸去气泡，而后松开镊子。

④ 观察样品在重液中的沉浮情况进行如下判断（见图1-19，$D_宝$和$D_液$分别表示宝石和重液的相对密度）。

宝石样品上浮 $D_宝 < D_液$；

宝石样品悬浮在重液中 $D_宝 = D_液$；

宝石样品下沉 $D_宝 > D_液$。

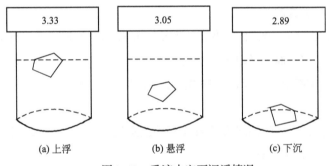

图1-19 重液中宝石沉浮情况

⑤ 若样品下沉或上浮，则根据其下沉或上浮的速度判断$D_宝$与$D_液$的差距，得出$D_宝$的估计值。

⑥ 取出样品并清洗擦干，再次放入另一重液瓶中进行观察。直至判别出$D_宝$更接近或等于哪一瓶重液。

⑦ 取出样品，清洗擦干。

3. 注意事项

① 测试时，应将宝石样品最平的面向下或向上放入重液中，以利于观察。

② 可用标样进行对比测试。

③ 每一次测试仅能使用一个重液瓶，并且一个重液瓶中只能放入一个样品。

④ 在更换使用另一瓶重液测定时，应擦净样品和更换镊子。

⑤ 重液可反复使用，但温度会影响重液的相对密度，因此，每次使用之前，都要用标样检查重液。

⑥ 若宝石样品的折射率与重液的折射率接近时，宝石样品的轮廓会不清晰。

⑦ 观察宝石样品沉浮速度时，应使眼睛与重液保持在同一水平面上，以求得出较为精确的估计。

⑧ 由于结构、构造不同及杂质和包裹体的影响，同一种宝石的不同样品的相对密度会有所变化。

⑨ 重液有一定的毒性、挥发性和腐蚀性，应避免吸入其蒸汽或黏附皮肤和衣物。

⑩ 应将重液密封贮藏于阴暗处，并在含碘化合物重液中放入一小片铜可防止重液分解和发黑。

⑪ 有机宝石、塑料、组合石和有空隙的宝石样品不宜用该法测定其相对密度。

六、分光镜的应用

分光镜是为了测定宝石的特征吸收光谱而设计制作的。宝石中的致色元素或结构缺陷对可见光可进行选择性吸收，在可见光谱中会形成固定的吸收波段，因此，若用分光镜将宝石所透射或反射的可见光进行分解，就会发现可见光谱中存在着亮度不同、位置各异的暗色垂直线（即吸收线）和/或宽窄不一的线段（即吸收带），即为宝石的吸收光谱。吸收光谱既可用来研究宝石的颜色成因，也可用于宝石鉴定；特别是宝石的特征吸收光谱可作为鉴定和识别宝石品种或亚种的辅助依据之一。

（一）分光镜的结构

分光镜是利用色散元件将白光分解成一个连续的可见光谱的装置。根据有无标尺和操作方式的不同，分光镜可分为台式和手持式两种（见彩1-6），其中手持式分光镜根据色散元件的不同，又可分为棱镜式和光栅式两种。

1. 台式分光镜

台式分光镜由其分光镜（一组棱镜、透镜、目镜、狭缝板、狭缝调节装置、滑管、波长标尺）和标尺光源及其配套装置（宝石夹、光圈、强光灯、变阻器）等组成（图1-20）。

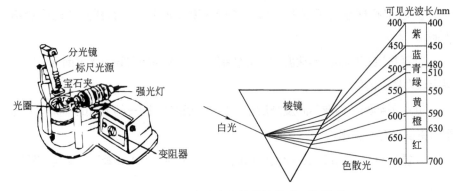

图 1-20　台式分光镜的结构及工作原理

　　台式分光镜所采用的色散元件是棱镜，所以其特点是蓝紫区相对拓宽，红光区相对压缩，红光区的分辨率比蓝光区的差。但是其透光性好，视域较明亮。

2. 手持式分光镜

　　（1）棱镜式分光镜　采用棱镜为色散元件，由一组棱镜、透镜、目镜、狭缝、内套管及外套管等组成，如图1-21（a）所示。

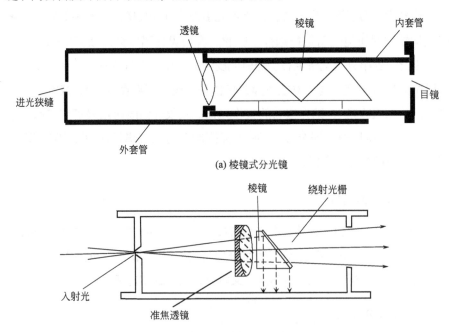

(a) 棱镜式分光镜

(b) 光栅式分光镜

图 1-21　手持式分光镜的结构

（2）光栅式分光镜　采用的色散元件是衍射（绕射）光栅，由棱镜、绕射光栅、透镜及目镜等组成，如图1-21(b)所示。

光栅式分光镜的特点是各色区大致相等，因此其红光区的分辨率比棱镜式分光镜的红光区分辨率要高。但是光栅式分光镜的透光性较差，需用较强的光源。

（二）宝石吸收光谱的测定

1. 操作步骤

（1）台式分光镜

① 透射法：适用于半透明至透明的宝石样品，见图1-22（a）。

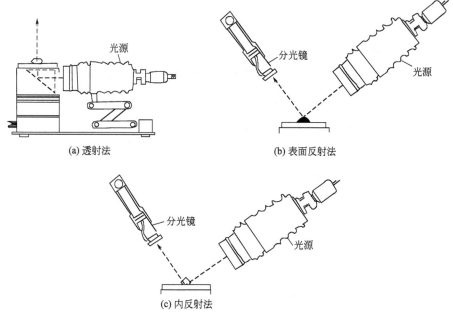

图1-22　台式分光镜测定宝石的吸收光谱

a. 将宝石样品置于锁光圈上，根据宝石样品的大小调节锁光圈的开孔，仅让透过宝石样品的光线进入分光镜。若要改变宝石样品的方向应使用宝石夹。

b. 调节光源的位置和距离以使更多的光线透过宝石样品。

c. 通过变阻开关调节光源的强度：浅色宝石用低强度；深色或半透明的宝石用高强度。

d. 完全闭合分光镜的狭缝，然后慢慢打开，直至能看到完整的光谱。通常在狭缝近于完全闭合的瞬间最易观察吸收光谱，且对于透明样品，狭缝要几乎完全闭合；而对于半透明样品，狭缝则要开大些。

e. 调节滑管的焦距。滑管向上推，蓝端的吸收谱清晰；滑管向下推，红端的吸收谱清晰。

f. 将滑管朝上并使波长刻度尺准焦。

g. 观察记录宝石的吸收光谱。

② 表面反射法：适用于不透明的宝石样品，见图1-22（b）。

a. 将宝石样品置于锁光圈或宝石夹上，应以无反射的黑色为背景。

b. 调节光源的位置和距离以使从宝石表面反射出来的光线更多地进入分光镜中。

c. 按透射法所述步骤调节分光镜的狭缝和滑管的焦距。

d. 观察记录宝石的吸收光谱。

③ 内反射法：适用于颜色很浅或很小的透明宝石样品，见图1-22（c）。

a. 将宝石样品台面向下置于锁光圈或无反射的黑色背景上。

b. 调节光源的位置和距离，使光线从宝石的斜上方射入并从宝石台面的内表面反射出来后再进入分光镜中。

c. 按透射法所述步骤调节分光镜的狭缝和滑管的焦距。

d. 观察记录宝石的吸收光谱。

（2）手持式分光镜

a. 采用强光源，使光线透射或从宝石表面反射。

b. 用手平稳地持住分光镜（或者用一支架分别固定分光镜和光源），置于所测宝石前几毫米处。

c. 按台式分光镜所述步骤调节分光镜的狭缝和滑管的焦距。

d. 观察记录宝石的吸收光谱。

2. 宝石吸收光谱的记录

（1）描述吸收线或吸收带的位置　通常用光的波长或分布的色区来表示，如某宝石的特征吸收光谱中有三条吸收线，分别为450nm、653nm和670nm；还有两条宽吸收带，分别为400～440nm和480～600nm。若分光镜中不带标尺，此吸收光谱也可表示为分别在蓝区有一条、红区有两条吸收线，在紫区有一窄吸收带，并有一条宽吸收带覆盖了整个青、绿、黄区。

（2）描述吸收线或吸收带的亮度比　由于宝石内部致色离子浓度的不同会

造成吸收光谱中吸收线或吸收带的深浅不同，因而吸收线或吸收带的明亮程度有差异。在记录宝石的吸收光谱时，还应描述吸收线或吸收带的亮度比，如在红区有三条深色（或暗色）的吸收线，在紫区有一浅色的窄吸收带。

（3）注意正确描述截边吸收　某些宝石的吸收光谱会出现可见光谱末端全吸收（即全暗）现象。可用类似"450nm以下全吸收"的方式描述。

（4）除用纯文字的方式描述宝石的特征吸收光谱外，还可借助简单明了的绘图方式进行记录。绘图时，应先认定吸收线和吸收带的起止色区、相对距离等，再在相应的可见光谱波段上准确画出吸收线或吸收带的位置及宽窄，还应在说明栏中对吸收线或吸收带的准确位置（波长数）、亮度比、截边吸收加以简单的说明。

3. 分光镜测定结果的应用

分光镜是一种非常有用的检测仪器，特别是当折射仪对某些折射率大于1.80的宝石无能为力时。由于每种宝石的结构和致色元素离子的种类及含量不同，所以某些宝石具有其特征的吸收光谱。利用分光镜测得的宝石特征吸收光谱有以下用途：

① 帮助鉴定宝石的品种；

② 可以分辨同颜色而品种不同的宝石；

③ 可以区别某些品种的天然宝石和合成宝石；

④ 可以辨别某种宝石的颜色是天然的还是改色的；

⑤ 研究宝石颜色的组成、色品特征。

4. 注意事项

① 组合宝石不宜作吸收光谱的测试。

② 测试前分光镜要校准且宝石样品应清洗干净，以免宝石表面的脏物干扰测试结果。

③ 应使用具等能光谱的白色冷光源，温度过高会使宝石的吸收光谱漂移或模糊，且光源强度与宝石吸收光谱的清晰度成正比。

④ 宝石样品的粒度不能太小，否则宝石的吸收光谱太弱且不清晰。

⑤ 宝石的透明度和颜色深度与宝石吸收光谱的清晰与否关系密切。通常是浅色透明宝石应从长轴方向透射观察；深色半透明宝石应从短轴方向透射观察。

⑥ 人体血液会造成592nm波长的吸收，所以勿用手持宝石样品进行观察。

⑦ 要注意某些具多色性的宝石在不同方向上吸收光谱会有所不同。

⑧ 尽量避免未透过宝石样品的光线（眩光）进入分光镜（即尽量用反射法或内反射法）。

七、滤色镜和荧光灯的应用

1. 滤色镜的应用

滤色镜，顾名思义是它能将可见光中某些波长的光滤掉（吸收），而允许剩余的其他波长的光通过，如只允许红光和黄绿光透过的一种宝石检测仪器。由于该仪器是由英国查尔斯科学院和英国宝石测试实验室联合制成的，所以又称为查尔斯滤色镜。

（1）滤色镜的设计原理和结构　滤色镜的设计原理可用下列等式来表示：

白光－宝石吸收的光－滤色镜吸收的光＝观察到的光

滤色镜的结构很简单，多数是由塑料或金属框固定某种滤色片组成（见彩1-7和图1-23）。

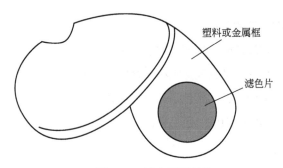

图1-23　滤色镜的结构

（2）滤色镜的使用方法

① 将宝石置于黑色或白色无反射的背景上。

② 使用白色强光源从斜上方尽量近距离照射宝石。

③ 将滤色镜紧贴着眼睛，在距宝石样品20～40cm处进行观察。

（3）滤色镜的用途　查尔斯滤色镜最早是用来鉴别祖母绿及其仿制品的，之后，该滤色镜的进一步运用是检测人工染色处理的宝石和人工宝石。但是，随着科学技术的发展，某些仿制和处理技术也得到了提高，目前市场上的一些染色处理品和仿制品已不能通过查尔斯滤色镜得以鉴别。滤色镜下常见宝石颜色的变化见表1-4。

表1-4　查尔斯滤色镜下宝石颜色的变化

宝石颜色	宝石品种	滤色镜下颜色	备　注
绿色	哥伦比亚、乌拉尔祖母绿	紫红—粉红色	某些产地祖母绿呈绿色
	合成祖母绿	鲜红色	
	变石、萤石、合成蓝宝石和尖晶石、铬玉髓、合成变色刚玉、铬电气石、染色玉石类	红色	由铁、锌等致色或染色者除外
	钇铝榴石、钇镓榴石	中红—强红色	
	铬钒钙铝榴石、锆石、砂金石（东陵石）	微红—暗红色	
	蓝宝石、橄榄石、翡翠、顽火辉石、澳玉、玻璃、翠绿锂辉石	绿色	美国北卡罗来纳州产的翠绿锂辉石呈红色
红色	天然和合成红宝石	强红色	粉红色红宝石呈粉红色
	电气石、天然和合成尖晶石	红色	粉红色合成尖晶石除外
	石榴石、冕牌玻璃	暗红色（无荧光）	镁铝榴石呈红色；其他品种的红玻璃呈红色
蓝色	海蓝宝石	特殊的黄绿色	
	天然和合成蓝宝石	暗蓝绿	
	尖晶石	蓝	偶尔显微红色
	合成尖晶石	橘红—强红色	铁致色者除外
	锆石	淡绿色	
	改色托帕石	灰暗	
	钴蓝玻璃	强红色	铁、铜致色者除外
紫色	紫晶	淡红色	
	蓝宝石	强红色	

（4）注意事项

① 必须使用强白光作为光源，否则会达不到检测效果。

② 所测宝石样品应尽量靠近光源，同时不要使强光直接照射观察者的眼睛，以免影响观察。

③ 要注意宝石的多色性对检查结果的影响。

2. 紫外荧光灯的应用

一般的荧光灯即紫外荧光灯，是测定宝石发光性的一种装置（见彩1-8）。紫外荧光灯是通过其中特殊的灯管发出紫外线来激发宝石发光（包括荧光和磷光）从而帮助鉴定宝石的。

（1）荧光灯的结构　常用的荧光灯主要由两个紫外线灯管（长波365nm和

短波253.7nm）、铅玻璃窗口和暗箱组成（见图1-24）。

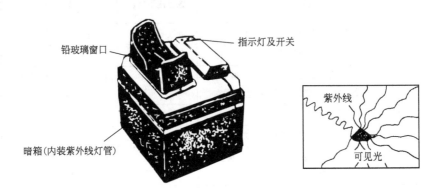

图1-24　荧光灯的结构及工作原理

（2）荧光灯的用途　尽管由于宝石结构缺陷不同或类质同象代换以及外来混入物、杂质的影响，造成了同品种不同宝石样品的发光性有所不同，发光性对品种或亚种鉴别还是有一定参考价值的。此外，根据宝石不同的发光性，可分辨出某些天然宝石和其合成品；并可检测某些宝石中的油渍、蜡剂和染料，还可估测出某些宝石样品中可能含有的次要元素种类。

（3）荧光灯的使用方法

① 清洗宝石样品。若用有机液清洗，必须待洗液挥发完毕后才能进行测试。

② 将宝石样品置于暗箱中的黑背景上，并关闭暗箱的门。

③ 接通电源，按下波段选择开关。

④ 从铅玻璃窗口分别观察宝石样品在长波或短波紫外光下的发光现象。

⑤ 若宝石样品不发光，则为惰性；若关闭紫外线灯管后，宝石样品仍发光，则宝石样品具有磷光。常见宝石的荧光颜色见表1-5。

表1-5　宝石的荧光颜色

荧光颜色	长波紫外光（365nm）	短波紫外光（253.7nm）
白色	象牙、琥珀、龟壳、欧泊、硬树脂、酪蛋白	象牙、琥珀、欧泊、合成白色尖晶石、龟壳、硬树脂、酪蛋白、胶（某些）
红色	天然和合成红宝石、蓝宝石（斯里兰卡）、变石、蓝晶石、红色尖晶石、合成绿色和橙色蓝宝石、合成变色蓝宝石、合成蓝色尖晶石、天然（某些）和合成祖母绿、褐红色火欧泊、方解石（某些）	天然和合成红宝石、蓝宝石（斯里兰卡）、红色尖晶石、变石、合成橙色和变色蓝宝石、天然（某些）和合成祖母绿、褐红色火欧泊、方解石（某些）

荧光颜色	长波紫外光（365nm）	短波紫外光（253.7nm）
橙色	钻石、黄色和蓝色蓝宝石(斯里兰卡)、方柱石、无色蓝宝石、蓝晶石、合成绿色和橙色蓝宝石、有橙色斑点的方钠石和青金石、托帕石（某些）、合成变色蓝宝石、紫红色尖晶石（某些）	钻石、黄色和蓝色蓝宝石(斯里兰卡)、无色蓝宝石、合成绿色和橙色蓝宝石、合成变色蓝宝石、方柱石
黄色	钻石、锆石、琥珀、托帕石、磷灰石、柱晶石、浅褐色火欧泊、胶	钻石、锆石、琥珀
绿色	钻石、磷灰石、琥珀、合成黄色和黄绿色尖晶石、硅锌石、浅蓝色尖晶石（某些）、欧泊（某些）、合成无色蓝宝石和尖晶石（很弱）、胶（某些）、祖母绿（某些）	钻石、琥珀、胶、硅锌石、欧泊（某些）、合成黄色和黄绿色尖晶石
蓝色	钻石、赛黄晶、萤石、月光石、琥珀、珍珠、象牙、胶、酪蛋白	钻石、赛黄晶、萤石、蓝锥矿、白钨矿、合成蓝色蓝宝石和尖晶石、琥珀、象牙、硬树脂、胶（某些）
紫色	钻石、磷灰石、萤石	钻石、萤石、铯绿柱石

（4）注意事项

① 宝石样品必须清洗干净，因为油脂、纤维及各种污物均有可能导致发光。

② 紫外线对人眼有很大的伤害，操作时勿直视紫外荧光灯。

③ 测试时勿用镊子或手持宝石样品。

④ 要正确判断光线是从宝石样品表面反射出来的，还是来自宝石样品的内部。

⑤ 同类宝石不同样品的发光反应可以明显不同。

⑥ 同一宝石样品的不同部位可有不同的发光现象。有时，宝石无发光性，而其包裹体（或共存矿物、后期充填物）却可发光。

⑦ 宝石样品的透明度不同其发光现象也可不同。

⑧ 要慎重对待发弱荧光的宝石样品。

⑨ 在宝石鉴定中荧光只能作为辅助测试手段。

八、宝石鉴定的其他仪器

（一）热导仪的应用

热导仪也称钻石分辨仪，是根据钻石优良的导热性能（在已知的物质中，除α-碳硅石外，钻石的热导率最高）而设计的一种电子仪器。因此热导仪的用途主要是用于鉴别钻石及其仿制品。

1. **热导仪的结构及类型**

热导仪主要由金属针状测头（也称测针或探笔）和控制盒组成（局部结构如图1-25所示），其中控制盒又由探笔外管、热敏元件（加热器和铜制热电偶）组成的电路和发光二极管或液晶显示屏或表头组成。热敏元件可加热测头，发光二极管、液晶显示屏及表头用于显示测试结果。另外，热导仪还配有一至两块金属质的样品座，每块样品座上有3～6个大小不等的漏斗形孔，用以放置不同大小的样品。

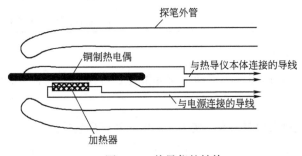

图1-25 热导仪的结构

热导仪的种类很多，但根据其结果显示的方式不同，热导仪可分为以下三种类型。

① 发光二极管式热导仪（见彩1-9）：应用较广泛的一种热导仪，测试结果主要是以发光二极管被激发的数目来显示。

② 液晶式热导仪：结果以液晶显示。

③ 指针式热导仪：结果可在表头上用指针的摆动范围来显示。

2. **热导仪的使用方法**

（1）发光二极管式热导仪

① 将宝石样品置于样品座上适当的孔中，使宝石样品台面向上。若待测样品为镶宝首饰，则只需用手持稳首饰托即可。

② 取下热导仪测头上的保护套，并打开热导仪的电源开关，开始对测头进

行预热。

③ 待"Ready"（准备好）窗口红灯亮时，转动调节旋钮，根据宝石样品的大小和环境的温度条件按照表1-6选择设定发光二极管的基数。

表1-6　发光二极管基数表

重量/克拉 ＼ 外界温度	10℃以下	10～30℃	30℃以上
0.05 以下	5	6	7
0.06～0.5	3	4	5
0.6 以上	1	2	3

④ 将热导仪测头垂直地触及宝石样品的台面，此时持热导仪手的中指必须压在热导仪背面的三角形不锈钢片区域。

⑤ 若发光二极管发光的数目为9个或9个以上时，随之发出"嘀嘀"的声响，表明所测宝石样品为钻石或合成碳硅石（即α–碳硅石）；若发光二极管发光的数目不增加（仅为基数值）或增加不到9个，并不发出"嘀嘀"声响时，表明所测宝石样品不是钻石或合成碳硅石；若发光二极管发光的数目不增加，且伴有"吱吱"的蜂鸣声时，则表明测头触及了金属。

✸ 注意：勿用手直接把持宝石样品，以免影响测试结果。

（2）液晶式热导仪

① 同发光二极管式热导仪一样地放置宝石样品，并打开电源进行预热。

② 待液晶显示屏上显示"Ready"字样时，将热导仪的测头与宝石样品的待测表面垂直接触。

③ 若液晶显示屏上显示"Diamond"字样时，表明宝石样品为钻石或合成碳硅石；若液晶显示屏上显示"Simulant"字样时，表明宝石样品为除合成碳硅石以外的仿制品。

✸ 注意：测试时，要求环境温度为10～40℃。

（3）指针式热导仪

① 将热导仪的测头与宝石样品的待测表面垂直接触。

② 观察热导仪指针在表头（刻度盘）上的反应：

 a. 若宝石样品为钻石或合成碳硅石，则指针指向"Diamond"区。

 b. 若宝石样品为除合成碳硅石以外的仿制品，则指针指向"Simulant"区。

 ✹ 注意：该仪器灵敏度较高，即使宝石样品很小也能准确测定。

3. 注意事项

① 使用热导仪测定宝石样品时，测针的测头必须与宝石样品待测表面垂直。

② 测定时，不要靠近测针呼吸，以免影响测试结果。

③ 测定完毕，应立即关闭电源开关，并将测头的保护套戴上。

（二）电导仪的应用

电导仪是根据宝石的导电性而设计制造的一种检测仪器，主要用于天然蓝色钻石与改色钻石的辅助鉴别。

1. 电导仪的设计原理与结构

天然蓝色钻石（Ⅱb型）因为含有微量的硼元素而使钻石呈半导体性质（具有导电性），而改色蓝色钻石是由于辐照产生色心而致色的，无导电性。电导仪正是根据这一特点对其进行鉴别的。

电导仪主要由伏特计、可动电极、金属盘电极和夹子组成。

2. 电导仪的使用方法

① 将宝石样品放在金属盘电极上（若为已镶好的宝石首饰样品，则可放在夹子上）。

② 用可动电极触及宝石样品。

③ 观察伏特计指针的反应：

 a. 若为天然蓝色钻石，则指针偏转显示电压。

 b. 若为改色蓝色钻石，则指针无反应。

 ✹ 注意：使用电导仪进行鉴定只能作为一种辅助手段。

（三）宝石硬度的测定方法

宝石硬度的测定方法有很多种，但最为常用的方法是标准硬度计法。

1. 标准硬度计的设计原理和结构

宝石标准硬度计是根据莫氏矿物硬度计的应用原理而设计制作的一种宝石

检测装置。

宝石标准硬度计分为两种：

① 标准硬度笔（也称为硬尖）：是将滑石（1）、石膏（2）、方解石（3）、萤石（4）、磷灰石（5）、正长石（6）、石英（7）、托帕石（8）、刚玉（9）、金刚石（10）这10种矿物的碎片镶在金属笔尖上制成的。

② 标准硬度板（也称为硬片）：是由正长石（6）、石英（7）、托帕石（8）、刚玉（9）四种矿物的小方块正面经抛光并镶在同一块金属板（或塑料板）上而制成的。

2. 宝石标准硬度计的使用方法

（1）标准硬度笔

① 选择待测宝石样品不显眼（且较平坦）处作为测试的部位。

② 将硬尖垂直放在宝石样品的待测面上，小心地划一短道（2～4mm长）。

③ 将被测表面擦净，用放大镜进行观察。

④ 若被测表面光滑如初，说明宝石样品的硬度＞所使用的硬尖；若被测表面有划痕，说明宝石样品的硬度≤所使用的硬尖，需使用小一号的硬尖再进一步测试。

❉ 注意：该方法不能用于宝石成品的鉴定，也不能在玉雕的观赏面上进行测试。对于这类样品，只能通过观察宝石的表面有无划痕、棱线是否浑圆以及表面光泽和抛光度来估计其硬度。

（2）标准硬度板

① 将硬片擦净。

② 先用放大镜在莫氏硬度为6的硬片上找一合适的（平坦无划痕的）部位。

③ 将待测宝石样品不显眼的部位（如腰部）与硬片选定的部位紧贴，并稍用力移动2mm左右。

④ 用放大镜进行观察。

⑤ 若硬片上有擦痕，说明宝石样品的硬度≥所使用的硬片，可进一步选择莫氏硬度为7的硬片再次测定；若硬片上无擦痕，说明宝石样品的硬度＜所使用的硬片。

❉ 注意：该方法用于鉴别真假钻石较为简捷有效。测定时要注意不要损伤宝石样品的腰部。

3. 注意事项

① 标准硬度计法属于有损检测，它通常主要用于宝石原料、不透明一半透

明素面宝石底部及玉雕品的检测。

② 测定时，不可用力过度或用力过猛，否则会使宝石样品受到损伤。

③ 测定时，硬度相差太大会"打滑"或刻痕较深。

（四）热针的应用

热针也称热反应检测器，是由一个可加热的金属丝和温度调节器构成的，主要用于检测一些有机宝石及其仿制品和某些经人工处理的宝石。这种方法属于有损检测，应谨慎使用。

1. 检测某些有机宝石及其仿制品

① 调节温度使热针的尖端呈暗红色。

② 将热针轻轻触及待测宝石样品不显眼的部位。

③ 把宝石样品放在鼻下，嗅其发出的气味。

④ 根据下列特征气味进行鉴别：

龟壳	焦发味；
黑珊瑚	焦发味；
金珊瑚	焦发味；
煤玉	焦油或沥青味；
琥珀	树脂或松香味；
塑料	樟脑味、碳酸味、糖果味、甲醛味及辣味等。

✹ 注意：注塑处理的绿松石等宝石样品在热针检测时，也发出塑料的特征气味。

2. 检测经石蜡处理的宝石

将热针靠近被测宝石样品（约1.5mm处），在反射光下用放大镜观察宝石样品是否出汗。若出汗，说明该宝石样品经过石蜡浸泡。

✹ 注意：常见经石蜡处理的宝石为绿松石和青金石及鸡血石。注油的样品在热针靠近时也会"出汗"。

3. 检测注油处理的宝石

将热针靠近被测宝石样品表面，用放大镜观察。若有油流动甚至流出，则表明该宝石样品经过注油处理。

✹ 注意：常见注油处理的宝石为祖母绿和红宝石。该测试方法破坏性较大，容易损伤宝石样品的外貌，甚至会使之破裂。

（五）化学测试法

化学测试法是一种利用化学试剂检测宝石的方法，其应用原理是使化学试剂与宝石样品进行化学反应或局部溶解，所以该方法破坏性很强，应慎重使用。该方法常用于宝石原料的检测。

1. 盐酸法

（1）使用方法　将5%～10%的稀盐酸滴一小滴在宝石样品不显眼的位置上，观察宝石样品是否产生气泡或气味，并立即将酸擦去，用放大镜检查宝石表面的反应特征。

（2）可产生气泡的物质

方解石类（墨西哥玉等）；　　　菱锰矿；

珍珠；　　　　　　　　　　　　蓝铜矿；

珊瑚（钙质）；　　　　　　　　菱锌矿；

贝壳；　　　　　　　　　　　　文石；

孔雀石。

（3）发出气味的宝石

① 青金石：滴入盐酸数秒后，由于产生硫化氢气体而发出臭鸡蛋味。若待测样品含有大量的方解石，则还会伴有气泡产生。

② 吉尔森（Gilson）合成青金石：不仅发出臭鸡蛋味，而且将酸液擦去后，用放大镜可观察到测试部位会留有白斑。

❋ 注意：宝石样品的抛光面不如粗糙面反应强烈和效果明显。

2. 丙酮法

该法主要用于检测染色的青金石或染色的大理石等。方法是将蘸有丙酮的棉签在宝石样品不显眼的部位进行擦拭，若棉签变为浅蓝色，则说明为染色品。

❋ 注意：用丙酮测试吉尔森仿制青金石时，棉签也会变为浅蓝色。

3. 硝酸法

该法主要用于检测染色黑珍珠。方法是将蘸有2%硝酸的棉签在宝石样品不显眼的部位进行擦拭，若棉签变色，则说明为染色品。

● 注意：测试完毕后，应立即用湿布将珍珠擦净。

（六）条痕测试法

条痕测试法主要用于半透明—不透明的宝石原料的检测。其方法是选择宝石原料某一不显眼的部位，使其在无釉白瓷板上划一条6mm左右的短道，然后观察留在瓷板上的宝石原料的碎粉末（特征条痕）进行判断。

某些宝石原料的特征条痕如下：

青金石　　　　　浅蓝色；

孔雀石　　　　　浅绿色；

绿松石　　　　　淡绿色或白色；

赤铁矿　　　　　红—褐红色；

仿赤铁矿　　　　褐黑色。

● 注意：测试前，应先清除瓷板上的粉尘，以免引起判断失误。

（七）红圈效应和透视效应

红圈效应和透视效应均是局限性很强的测试方法，只适用于某些特定宝石品种。

1.红圈效应

主要用于检测石榴石和玻璃二层石。方法是将待测样品台面向下置于白色背景上，用笔式手电从不同的角度照射样品的底部进行观察。若为二层石，则可以看到从平底面反射出的围绕腰部的红色圈，如图1-26（a）所示。

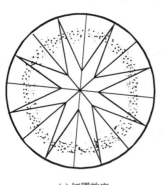

(a) 红圈效应 　　　　　　　　　　(b) 透视效应

图1-26　红圈效应和透视效应

珠/宝/鉴/定

✳ 注意：石榴石冠部很薄或颜色过深的样品有可能观察不到红色圈。

2. 透视效应

主要用于检测刻面透明宝石样品折射率的相对大小，尤其适用于折射率大于1.80的宝石样品。测定方法是将待测样品台面或底尖向下放在有字迹的纸上，透过样品观察可识别字迹的范围；或者放在彩色的背景上，透过样品观察呈现背景颜色的范围。若可识别字迹或者呈现背景颜色的范围越小，则表明样品的折射率越大，如图1-26（b）所示。

✳ 注意：① 宝石样品的切工越好，则透视效应越差。

② 对同一品种的宝石样品，其琢型不同，则透视效应亦不同。

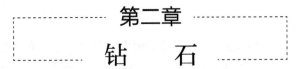

第二章

钻 石

❧❧ **第一节　钻石的特征** ❧❧

珠/宝/鉴/定

一、钻石的基本性质

钻石之所以能够长盛不衰，一直处于珠宝贸易的霸主地位，与其自身的基本性质（表2-1）和特性密不可分。

表2-1　钻石基本性质一览表

矿物组成	金刚石
化学成分	C，可含有 N、B、H 等微量元素
结晶状态	晶质体——等轴晶系
颜色	无色—浅黄（褐、灰）色系列：无色、淡黄、浅黄、浅褐、浅灰色 彩色系列：由浅入深的黄、橘黄、绿、蓝、粉红、紫红、红、黑色
光泽	金刚光泽
透明度	透明
光性特征	均质体，偶见异常消光
色散值	0.044
折射率	2.417
相对密度	3.52
莫氏硬度	10
紫外荧光	无至强，蓝、蓝白、红、黄和黄绿；可见磷光
吸收光谱	415nm、453nm、478nm、594nm 吸收线； 无色至浅黄色钻石：415nm； 褐至绿色钻石：504nm 处有一条吸收窄带

二、钻石的特性

除了具有人们所熟知的一系列常规宝石学性质外，钻石还具有一些特性，可在选矿、鉴定、加工及工业领域中得以应用。

1. 钻石的亲油性

钻石对油脂具有较强的亲和性，这一性质被运用于钻石的分选和回收工作中（即在涂满油脂的传送带上可将钻石从矿石中分离出来）。

2. 钻石的导热性

钻石是极好的热导体，热导率为870～2010W/（m·K），比大部分仿制品具有更好的导热性，因此可以用热导仪来鉴定钻石。

3. 钻石的导电性

纯净的钻石是不导电的绝缘体，但当钻石中含有硼时会产生自由电子，使其成为半导体。

4. 钻石的化学稳定性

钻石十分稳定，可抵抗各种化学腐蚀。一般情况下，钻石不溶于强酸和强碱，加工钻石时常用王水进行清洗钻石毛坯。

5. 钻石的解理

钻石具有平行{111}方向的四组中等解理，加工钻石时能够将钻石劈开正是利用了这一特性。

☙❧ 第二节　钻石的鉴定 ☙❧

一、经验鉴定

钻石依据其基本性质和特性有别于其他宝石，因而可以在一定情况下凭借经验进行鉴定。

55

1. 观察晶形与颜色

钻石晶体多为透明的单晶，其形态常见八面体、菱形十二面体和立方体单形，也有一些双晶或聚形。由于溶蚀作用，自然界实际产出的钻石晶形常呈浑圆状或歪晶，并且晶面上常常留有蚀像（如八面体晶面上可见倒三角形的凹坑蚀像，菱形十二面体晶面上可见线理或显微圆盘状花纹，见彩2-1～彩2-4）。

自然界产出的钻石绝大多数为无色—浅色系列的单晶，彩色系列单晶钻石非常稀少，而黑色钻石常为多晶集合体。

与钻石毛坯外观形态相似的宝石品种有：尖晶石和锆石。尖晶石有与钻石相同的八面体晶形及三角形生长纹；锆石晶体为四方晶系，晶形常呈四方短柱及四方双锥聚形的假八面体，且光泽为亚金刚光泽，与钻石很相似。但尖晶石和锆石光泽弱、硬度低，其他性质与钻石相距也甚远，所以很好鉴别。

2. 观察光泽与火彩

在天然无色透明宝石矿物中，钻石具有最大的折射率，因此切磨抛光良好的钻石具有很强的金刚光泽，有别于其他无色透明宝石的亚金刚光泽、玻璃光泽等。观察光泽时需注意：受高温溶蚀的钻石表面光泽较弱，未受高温溶蚀的晶面及解理面光泽较强。

纯净的钻石多透明，但由于常有杂质元素进入矿物晶格或有其他矿物包裹体的存在，钻石可呈半透明甚至不透明。

钻石具有高折射率和高色散值，因此在切磨比例适当时，钻石会呈现出特殊的五光十色、柔和自然的火彩（见彩2-5）。但是合成立方氧化锆、人造钛酸锶、合成金红石等钻石仿制品因为也具有很高的折射率和色散值会出现类似于钻石的火彩，但其"火彩"要么过于刺眼，要么显得苍白不自然，可据此进行识别。

3. 掂重

钻石的相对密度为3.52，掂重的感觉是中等。这一感觉可区别于相对密度较低的水晶（2.65）、海蓝宝石（2.72），也可区别于高密度的仿钻材料YAG（4.55）、GGG（7.05）、CZ（5.80），但对于与钻石密度相近的托帕石（3.53）、合成碳硅石（即α-碳硅石，3.22）、榍石（3.25），则无法用掂重区分，可利用其他方面的特征加以鉴别。

4. 硬度

钻石的莫氏硬度为10，是自然界中硬度最高的物质。用钻石的尖锐处去刻划刚玉片，能使刚玉片留下刻划痕迹。反之，刚玉则无法刻动钻石。与钻石硬度最接近的宝石品种是合成碳硅石（莫氏硬度为9.25）。合成碳硅石能刻动刚玉，但刻不动钻石。刻划时注意：一定要用原石的尖锐处刻划。

5. 亲油性实验

油性墨水笔在钻石表面划过时，可留下清晰而连续的线条；而对于钻石仿制品，油笔划过则为不连续的小液滴定向排列。

6. 哈气实验

对钻石表面哈气，因其热导率高，钻石表面的水汽会很快消失。

7. 线条试验

将宝石台面向下放在一张画有黑线的纸上，如果是钻石则看不到纸上的黑线；若能看到黑线，则说明是其他折射率较低的钻石仿制品（见图2-1）。

8. 托水性试验

将小水滴点在宝石台面上，若水滴能在宝石表面保持很长时间，则说明是钻石；若水滴很快散开，则说明是钻石的仿制品（见图2-2）。

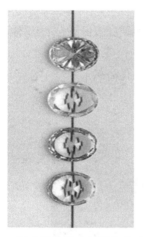 

图2-1　标准圆钻切工的线条实验　　　　图2-2　标准圆钻切工的托水性实验

二、仪器鉴定

1. 10倍宝石放大镜观察

由于钻石硬度高的缘故，绝大多数钻石在加工时其腰部不抛光而保留粗糙面，这种粗糙面多呈"毛莊"状（见图2-3）。而一些不抛光的仿钻品，其腰部可见平行排列的钉状磨痕。另外，在钻石的腰部时常可见到原始晶面，其上可有阶梯状、三角形生长纹或解理面等。

图2-3　未抛光的钻石腰部特征

在钻石的某一小面上，有时可见一些非常细的白线，请注意白线方向与抛光纹方向的区别。这些白线就是钻石的生长线，且往往内部也有细纹线与之呼应。

钻石的各刻面之间的棱线平直且锐利，而硬度较低的钻石仿制品其棱线常呈圆滑状。

腰部抛光的钻石，其腰部常常加工成一些相连的小刻面，并可见天然晶面（见图2-4）。

图2-4　抛光的钻石腰部特征

在10倍宝石放大镜下观察宝石，不像显微镜有专设的照明设备以适应于不同的照明方式。但如果能灵活运用简单的灯具，也能收到良好的观察效果。例如模拟暗域照明方式（见图2-5）：将一块黑板置于钻石灯座上，形成黑色背景。观察时，前额靠近灯罩，将钻石放在灯罩的边缘位置，使光线只照射到钻石的亭部，不能照射到放大镜和人的眼睛上。这样便相当于暗域照明，对观察钻石内部的包裹体非常有利。也可采用白色背景，同黑色背景一样，可形成强烈的反差，有利于观察钻石内部的纹理。

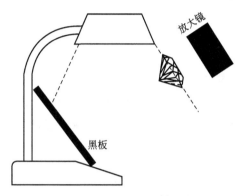

图2-5　模拟暗域照明方式

2. 显微镜观察

利用显微镜观察样品的内、外部特征需合理选择不同的照明方式。

顶灯（反射光）照明方式适合观察无色透明钻石内部的透明包裹体，同时也可用来观察钻石表面生长线及切工的好坏。注意：观察表面要迎着反射光。

暗域照明方式适合观察微茶色、微黄色钻石及彩钻内部的透明包裹体。

遮掩照明方式适合观察钻石内部深色的固态包裹体。

在观察样品内部的生长线时，注意转动宝石，在反光强的面上寻找生长线。找到生长线后，可关掉底灯，打开顶灯，判别是否为表面的抛光纹。

利用显微镜观察到的重影现象，还可将钻石与无色锆石、碧玺、榍石、合成碳硅石等区别开来。

利用显微镜还可寻找拼合石的接合面及其冠部、亭部不同的内含物。

3. 偏光性的观察

钻石属均质体，在正交偏光镜下应为全暗，但多数天然钻石具弱—强的异常消光，且干涉色颜色多样，甚至多种干涉色聚集成镶嵌图案。

一些无色宝石如合成碳硅石、锡石、榍石、白钨矿、高型锆石、合成刚玉、合成水晶、人造铌酸锂、合成金红石等非均质体均可用偏光仪将其与钻石区别开来。

4. 密度的检验

无论琢件和毛坯，密度的检验是鉴定钻石的有效手段。

多数仿钻材料如CZ、YAG、GGG、铅玻璃（注意折射率与密度值的匹配）等均可用密度进行鉴别。

5. 分光镜的应用

天然产出的钻石绝大多数是Ⅰa型（约占98%），由氮致色，此类钻石在415nm处有一强吸收带。但是，普通的分光镜分辨率较低，415nm处于紫区，不易观察，需用UV（紫外光线）分光光度计并采用低温技术才能准确测量钻石的吸收光谱。

三、钻石与相似宝石的鉴别

与钻石相似的宝石很多，可对照表2-2进行一一鉴别。

表2-2 常见与钻石相似的无色宝石鉴别特征

名　称	偏光性	色散值	莫氏硬度	折射率	相对密度	放大检查
钻石	均质体	0.044	10	2.417	3.52	表面光洁，棱尖锐，可见矿物包裹体
合成立方氧化锆	均质体	0.060	8.5	2.150	5.8	内部洁净
人造钇铝榴石	均质体	0.028	8	1.833	4.55	内部洁净
铅玻璃	均质体	0.031	5～6	1.470～1.700	2.5～4.5	内部洁净，可见气泡
人造钆镓榴石	均质体	0.045	6.5	1.970	7.05	内部洁净
人造钛酸锶	均质体	0.190	5～6	2.409	5.13	内部洁净
合成尖晶石	均质体	0.020	8	1.728	3.64	内部洁净
合成金红石	非均质体	0.330	6～7	2.616～2.903	4.26	内部洁净
合成碳硅石	非均质体	0.104	9.25	2.65～2.69	3.22	可见点状、丝状包裹体
高型锆石	非均质体	0.039	6～7.5	1.925～1.984	4.60～4.80	可见包裹体，重影明显
锡石	非均质体	0.071	6～7	1.997～2.093	6.8～7.0	重影明显
水晶	非均质体	0.013	7	1.544～1.553	2.65	不规则排列气液两相包裹体及矿物包裹体

名　称	偏光性	色散值	莫氏硬度	折射率	相对密度	放大检查
托帕石	非均质体	0.014	8	1.619～1.627	3.53	气态包裹体或两种互不混溶的液态包裹体
蓝宝石	非均质体	0.018	9	1.762～1.770	4.00	絮缕状白色液态包裹体和指纹状包裹体
碧　玺	非均质体	0.017	7～8	1.624～1.644	3.06	管状包裹体密集平行排列；裂隙发育
尖晶石	均质体	0.020	8	1.718	3.60	小八面体单个存在或密集形成指纹状
磷灰石	非均质体	0.013	5～5.5	1.634～1.638	3.18	气液或固态包裹体
萤　石	均质体	0.007	4	1.434	3.18	三角形负晶；裂隙中含水的气泡单独或成群存在
硅铍石	非均质体	0.015	7～8	1.654～1.670	2.95	可见片状云母包裹体
赛黄晶	非均质体	0.016	7	1.630～1.636	3.00	气液、固态包裹体
锂辉石	非均质体	0.017	6.5～7	1.660～1.676	3.18	液相包裹体
方解石	非均质体	0.017	3	1.486～1.658	2.70	三组完全解理；重影
钙铝榴石	均质体	0.027	7～7.5	1.740	3.61	短柱或浑圆状晶体包裹体；热波效应
绿柱石	非均质体	0.014	7.5～8	1.577～1.583	2.72	指纹状、丝状包裹体

　　钻石具有很高的导热性，因此可以利用热导仪进行鉴别除合成碳硅石以外的仿制品；并可利用电子克拉天平检测宝石的相对密度进行鉴别。天然宝石中，无色的蓝宝石、尖晶石、托帕石、水晶、尖晶石等与钻石相似，但其折射率均低于钻石；人工宝石中，合成碳硅石、合成立方氧化锆、人造钇铝榴石、人造钆镓榴石、人造钛酸锶等常用来仿钻石，其折射率与钻石的相近，某些宝石的色散值也高于钻石，但往往其硬度低于钻石，可以进行鉴别。

　　钻石的内部通常会含有一定的矿物包裹体（如橄榄石、石榴石、石墨和透辉石等）、生长结构等天然信息，因此可以通过10倍放大镜或显微镜观察内外部特征包裹体来鉴别钻石及其仿制品。放大观察时，可发现大多数的钻石都含有特征的包裹体，如细小矿物点状颗粒、形似羽毛的小裂隙、细小裂纹深入内部而形成的须状腰，以及如内凹原晶面、破口、击痕等。质量上乘的钻石，其包裹体特征在10倍放大镜下不易见或不可见（见彩2-6、彩2-7）。

　　钻石的硬度较高，且加工质量要求也高，所以钻石的棱线都很平直、锐利、清晰，切磨比例适中，修饰度好。若钻石在加工时腰部不抛光，腰围及其附近常保持原始晶面，可发现三角形、阶梯状生长纹等（见彩2-8和彩2-9）。

四、合成及优化、处理钻石的鉴别

由于天然钻石的稀少性，市场上也有一些合成钻石和优化处理的钻石出现。合成钻石通常是采用高温高压（HPHT）法和化学气相沉淀（CVD）法合成的，优化、处理钻石主要有改善颜色的辐照、镀膜处理类型和改善内部净度的激光打孔、裂隙充填处理类型。

对于合成钻石主要从其晶形、异常双折射、发光性、内部包裹体和特征吸收光谱等方面进行鉴别。HPHT法合成钻石晶形多为"塔形"，CVD法合成钻石晶形为片状，而天然钻石多为八面体晶形。

HPHT法和CVD法均具有异常双折射、磷光。其中HPHT法合呈钻石阴极发光分布呈几何图形，放大检查可见触媒金属包裹体沿内部生长区间的边界分布，大多数具有磁性；CVD法合成钻石阴极发光分布不同于天然钻石和HPHT法合成钻石，放大检查可见倾斜密集生长纹，偶见点状包裹体，具特有的光谱特征。

优化、处理钻石的鉴定重点在于放大检查，并结合光谱特征进行甄别（表2-3）。

表2-3 合成钻石及优化、处理钻石的鉴别特征

类　型	目　的	方　　法	鉴别特征
合成钻石	用于高科技研究或丰富宝石市场	HPHT中的晶种催化剂法合成	异常双折射；有磷光，紫外荧光和阴极发光分布呈几何图形现象；可见催化剂金属包裹体沿内部生长区间的边界分布
		CVD法	异常双折射；可有磷光、紫外荧光和阴极发光分布不同于天然钻石和HPHT法的钻石；放大检查可见倾斜密集生长纹，偶见点状包裹体；具特有的光谱特征
辐照处理	改善钻石颜色	辐照和热处理相结合的方法，使钻石颜色得到改善，获得所需要的彩钻	此种彩色钻石在显微镜下油浸观察时，可见亭部有色带、色斑或亭部尖处有伞状暗影；具594nm、669.7nm吸收线；辐照改色深绿色钻石在714nm处有吸收峰（低温状态）

类 型	目 的	方 法	鉴 别 特 征
激光打孔 / 充填处理	改善钻石外观（可提高净度1~3个等级）	用激光在钻石上打孔以去除钻石内部的矿物包裹体，然后用激光熔融与钻石光学性质相似的物质来充填留下的小孔	放大检查可见钻石内部白色的管状物和钻石表面的发丝现象和圆形开口，并可见充填裂隙处呈现的闪光效应（暗域照明下呈橘黄或紫至紫红、粉红色等闪光；亮域照明下呈蓝至蓝绿、绿黄、黄色等闪光）；充填物中可有残留气泡流动构造和细小裂隙，充填区域呈白色雾状且透明度降低；可有部分位置未被充填
镀膜处理	提高钻石净度或改变色彩	在钻石表面镀上一层几微米厚的聚晶金刚石薄膜	可见云雾状纹或有薄膜脱落，用小刀或针尖可将薄膜刮掉；仿蓝钻时其导电性与天然品不尽相同

激光打孔的钻石放大检查可见内部白色的管状物和钻石表面的发丝现象和圆形开口；充填处理钻石可见充填裂隙处呈现的闪光效应，暗域照明下呈橘黄或紫至紫红、粉红色等闪光，亮域照明下呈蓝至蓝绿、绿黄、黄色等闪光，充填物中可有残留气泡流动构造和细小裂隙；镀膜处理的钻石可见云雾状纹或有薄膜脱落，用小刀或针尖可将薄膜刮掉；辐照处理的彩色钻石在显微镜下油浸观察时，可见亭部有色带、色斑或亭部钻尖处有伞状暗影（见彩2-10~彩2-16）。

第三章
红宝石和蓝宝石

在刚玉家族中，只有达到宝石级的刚玉矿物才能被称为"红宝石"或"蓝宝石"。

第一节　红宝石和蓝宝石的特征

红宝石和蓝宝石的主要成分是铝的氧化物（Al_2O_3），纯净的刚玉晶体是无色的，当晶体中含有不同的微量元素时，刚玉晶体就会呈现出不同的颜色，其中只有铬（Cr）元素致色的红色刚玉被称为红宝石（Ruby），其他各色的刚玉则被称为蓝宝石（Sapphire）。

刚玉晶体含有微量的铬（Cr）元素时会呈现红色；含有微量的镍（Ni）元素时会呈现黄色；当同时含有铁（Fe）和钛（Ti）元素时会呈现蓝色；同时含有铬（Cr）和镍（Ni）元素时会呈现金黄至橘红色；同时含有钛（Ti）、铁（Fe）、铬（Cr）元素时会呈现紫色；同时含有钴（Co）、钒（V）、镍（Ni）元素时会呈现绿色。此外，当含有微量的钒（V）元素时则会出现具有变色效应的蓝宝石。

一、红宝石和蓝宝石的基本性质

红宝石和蓝宝石的基本性质见表3-1。

表3-1　红宝石和蓝宝石基本性质一览表

矿物组成	刚 玉
化学成分	Al_2O_3，可含有 Ti、Fe、Cr、V、Mn 等元素
结晶状态	非均质体——三方晶系
颜色	颜色十分丰富，几乎包括了可见光谱中的红、橙、黄、绿、青、蓝、紫的所有颜色
光泽	明亮的玻璃光泽至亚金刚光泽
透明度	透明至不透明
光性特征	非均质体——一轴晶，负光性
多色性	强二色性，颜色与宝石的体色相关
折射率	1.762～1.770　双折射率：0.008～0.010
色散率	0.018
相对密度	4.00
莫氏硬度	9
紫外荧光	红宝石具红色荧光；蓝宝石发光与体色相关
吸收光谱	红、蓝宝石根据所含杂质的不同而具有不同的吸收光谱
特殊光学校应	星光效应；变色效应

二、红宝石和蓝宝石的特殊光学效应

红、蓝宝石除了颜色丰富外，还可具有两种特殊光学效应，使其呈现出更加美丽的光彩。

1．星光红宝石和星光蓝宝石

当红、蓝宝石内部含有密集平行排列的三组针状包裹体（互呈60°角相交），被加工成弧面宝石时，在聚光光源的照射下，弧面上可见六射星光，偶尔也可见十二射星光，根据其体色不同可分别称为星光红宝石（见彩3-1）和星光蓝宝石，其中星光蓝宝石可有多种颜色，如紫色星光蓝宝石、蓝色星光蓝宝石等。

2．变色蓝宝石

少数蓝宝石具有变色效应，通常在日光下呈蓝色或灰蓝色，在白炽灯下呈暗红色或紫红色（见彩3-2）。

第二节　红宝石和蓝宝石的鉴定

红宝石、蓝宝石为非均质体，在正交偏光镜下呈四明四暗现象；折射率为
1.762～1.770；相对密度4.00；红宝石与有色蓝宝石具二色性，二色性的强弱
及色调取决于体色及其颜色深浅程度。红宝石中的气液包裹体多呈指纹状排布
并可有"百叶窗"式双晶纹（见彩3-3），某些蓝宝石可见平直角状色带。因为
红、蓝宝石的莫氏硬度为9，在天然宝石中仅次于钻石，所以红宝石、蓝宝石
成品表面一般划痕较少，抛光表面具明亮玻璃光泽。

一、产地鉴定

几乎所有的天然红、蓝宝石都含包裹体。不同产地的红、蓝宝石由于成矿
类型以及温度、压力、微量元素的影响，会具有不同的颜色特征及内部典型的
包裹体，可据此判断红、蓝宝石的产地（见表3-2、表3-3和彩3-3～彩3-10）。

表3-2　红宝石产地与典型包裹体

产　地		颜色特征	典型包裹体
缅甸	抹谷	鲜艳的玫瑰红色至红色、"鸽血红（pigeon blood）"色	颜色往往分布不均匀，常呈现浓淡不一的絮状、团块状，在整体范围内表现出一种被称为"糖蜜状"的流动漩涡状构造。宝石内部很少见流体包裹体，但金红石等固态包裹体十分丰富，且金红石的针体细小，分布不均匀；有时可见"百叶窗"式双晶纹
	孟素	多呈褐红色、深紫红色	常具有蓝色或黑色的核心，缺少丰富的金红色包裹体，双晶发育，可出现"达碧兹"红宝石
泰国		棕红至暗红等较深的颜色	内部缺失金红石包裹体，富含水铝矿包裹体，流体包裹体较为丰富，且多聚集成指纹状、羽状、圆盘状，常形成一种典型的"煎蛋"状图案，常见聚片双晶
斯里兰卡		浅红至红色	含有金红石、锆石等固态包裹体和丰富的流体包裹体，且流体包裹体具有一定的定向性，构成精美图案
莫桑比克		颜色分布均匀，与缅甸红宝石的颜色接近	内部有较粗的、长短不一的针状包裹体
坦桑尼亚		红至紫红色	色带和生长条纹发育较为规则，负晶、裂隙发育
越南		介于缅甸红宝石与泰国红宝石之间，表现为紫红色、红紫色	颜色也会表现出流动的旋涡状构造，同时相伴一些粉红色、橘红色，甚至是无色、蓝色的色带。越南红宝石含有较丰富的固态包裹体，愈合裂隙发育

表3-3 蓝宝石产地与典型包裹体

产地	颜色特征	典型包裹体
印度克什米尔	略带紫色色调的浓重的蓝色［"矢车菊蓝（cornflower blue）"色］	特征的电气石、钠闪石和一种微粒状包裹体，微粒包体成分尚不明确，可呈线状雪花状、云雾状
缅甸	具有浅蓝至深蓝的各种颜色，可出现纯正的蓝色或漂亮的紫蓝色	固态包裹体相对较少，而流体包裹体较为丰富，可出现"褶曲状"或"撕裂状"
泰国	颜色较深，主要有深蓝色、略带紫色色调的蓝色、灰蓝色三种颜色，还产出黄色、绿色蓝宝石，以及黑色星光蓝宝石	固态包裹体品种繁多，流体包裹体的特征与其红宝石相同，可形成假星光现象
斯里兰卡	颜色较浅，可有灰蓝、浅蓝、海蓝、蓝等多种颜色，还产出绿色、橙色、紫色、无色蓝宝石	包裹体特征与其红宝石大致相同，液态包裹体十分丰富，可见指纹状愈合裂隙，长条状负晶
柬埔寨	明亮且纯正的蓝色、浅蓝色，个别略带紫色调	内部一般很干净，有时可见聚片双晶
澳大利亚	主要是深蓝色、黑蓝色，另有从乳白色到灰绿色、黄色的多种颜色	内部一般比较干净，有时会出现少量赤铁矿等包裹体，可产出黑色六射或十二射星光蓝宝石
美国蒙大拿州	中等深浅的蓝色，少数为淡紫色	固态和流体包裹体较少，有时可见聚片双晶
中国山东	颜色较深的蓝色和黄色、花色蓝宝石	内部固态包裹体种类较多,但数量不多,常见指纹状、羽状气液包裹体

二、红、蓝宝石与相似宝石的鉴别

1. 红宝石与相似宝石的鉴别

与红宝石相似的宝石主要有红色石榴石、红尖晶石、红锆石、红碧玺等，在鉴定原石时，可对照常见红色系列宝石原石的外观形态与表面特征一览表（见表3-4）对晶形较为完好的红色系列宝石进行鉴别。

在莫氏硬度表上，红宝石为9，它能刻划动所列其他红色宝石品种，但其他红色宝石品种均划不动红宝石。需要说明的是，硬度刻划的方法仅适用于原石（见彩3-11）。

对于切磨好的红色宝石品种（见彩3-12），可重点从红色色调、光性特征、多色性、紫外荧光、折射率、相对密度、吸收光谱及放大检查等方面进行鉴别（见表3-5）。尽管同属红色系列，但其各自的色调和多色性、吸收性仍有差异。例如：红宝石、红色尖晶石、红色石榴石和红色锆石在色调上多偏重于红色、褐红色或橘红色，且颜色深者较多；而红色碧玺、红色绿柱石、紫锂辉石和红色托帕石在色调上则偏于紫红和粉红色，浅色者居多。

表3-4　常见红色系列宝石原石的外观形态和表面特征

宝石名称	晶系	晶体形态	晶面特征	其 他
红宝石	三方	六方双锥、桶状、柱状等	晶面上常有横纹和/或斜条纹	无解理，可具多组裂开
尖晶石	等轴	八面体、八面体-菱形、十二面体或八面体-立方体聚形	八面体晶面上可有三角形及阶梯状生长线	尖晶石解理不发育
石榴石	等轴	菱形十二面体、四角三八面体以及二者的聚形或歪晶	晶面上常有平行四边形长对角线的聚形纹	解理不发育；个别品种可有 {110} 方向不完全解理
锆石	四方	四方柱-四方双锥聚形；也可呈假八面体状	多数晶面受高温溶蚀而呈浑圆状	无解调；贝壳状断口；性脆，其边角处常有破损
碧玺	三方	三方柱、六方柱、复三方柱、三方锥及其聚形	柱面上纵纹发育，横截面多呈球面三角形	无解理；贝壳状断口；晶体两端的晶面常不同
绿柱石	六方	六方柱状	柱面平行 c 轴纵纹发育，可有六方双锥面	一组或多组不完全解理、贝壳状至参差状断口
紫锂辉石	单斜	常沿 c 轴呈柱状	平行 c 轴有条纹；横截面近正方形	柱面解理为中等—完全；参差状—裂片状断口
托帕石	斜方	斜方柱；端部为双锥面或平行双面	柱面常有纵纹；横截面多为菱形	// {001} 一组完全解理；贝壳状断口

红宝石、红锆石和红碧玺为非均质体，正交偏光镜下四明四暗，具各自不同的多色性；红色石榴石、红尖晶石为均质体，正交偏光镜下全暗（其中石榴石可有异常消光），无多色性。

使用折射仪，便会很容易将红宝石同其他红色宝石系列品种鉴别开来，并且上述红色宝石中密度大于红宝石的只有锆石和锰铝榴石，密度与红宝石最接近的是铁铝榴石，而其他大多数品种的密度均小于红宝石。通过放大观察，可鉴别出该系列中具有重影现象的宝石：红色锆石和红色碧玺。

红宝石和红尖晶石的紫外荧光分别为弱至强的红色与弱至强的红或橘红色，且同一样品的长波紫外荧光强度大于短波紫外荧光强度；红色石榴石紫外荧光常呈惰性；红锆石的长波紫外荧光为弱紫红色，短波紫外荧光为中等的紫红或紫褐色；红碧玺的长、短波紫外荧光均为弱的红色至紫色。

表3-5 红色宝石系列鉴别特征

名称	颜色	偏光性	折射率	双折射率	相对密度	莫氏硬度	荧光效应	吸收光谱	多色性	放大检查	其他
红宝石	紫红、褐红、粉红、橘红	非均质体	1.762~1.770	0.008~0.010	4.00	9	缅甸:LW红;SW深红 泰国:LW红;SW红 斯里兰卡:LW橙;SW橙	468nm、475nm、476nm、690nm、694nm、720nm吸收线;455nm以下,500~625nm吸收带	二色性明显,紫红-红,橘红-红	丝状、针状、指纹状、雾状包裹体,矿物包裹体①;生长色带;"百叶窗"式双晶纹;双晶发育的可呈三组裂理	星光红宝石有三组针状或纤维状金红石包裹体定向排列
尖晶石	粉红、紫红、棕红、橘红	均质体	1.718	—	3.60	8	LW红、橘红(弱~强);SW红、橘红(无~弱)	红区6~7条吸收带;445nm以下,505~590nm强吸收带;670~700nm弱吸收带	—	细小的八面体负晶,可单个或呈指纹状分布的包裹体②	早期称红色尖晶石为"大红宝""红宝"或"玫瑰红尖晶红宝石"
铁铝榴石	红、褐红	均质体	1.790	—	4.05	7~7.5	—	425nm以下,500~520nm强吸收带,460nm、540nm、590nm,650nm附近弱吸收带	—	包裹体:针状金红石矿、磁铁矿、锆石晶体以及不规则状糖浆状包裹体	异常双折射;反光效应不好;针状金红石包裹体70°、110°交角可呈四射星光,也称"贵榴石"紫牙乌"
镁铝榴石	红、黄红、紫红	均质体	1.746	—	3.78	7~7.5	—	480nm以下,505~650nm宽吸收带;720nm吸收线	—	包裹体:稀疏针状红石包;裹体交角呈70°、110°见固态锆石、磷灰石晶态包裹体	江苏产的镁铝榴榴可见垂直相交的针状金红石包裹体且具异常双折射
锰铝榴石	橘红、褐红	均质体	1.81	—	4.15	7~7.5	—	红区与紫区宽吸收带;455nm、505nm吸收线(Mn离子)区432nm吸收带可以与其他石榴石区别	—	波状(像裂隙)气液包裹体	—

名称	颜色	偏光性	折射率	双折射率	相对密度	莫氏硬度	荧光效应	吸收光谱	多色性	放大检查	其他
锆石	浅红、褐红、红	非均质体	1.925~1.984	0.059	4.70	6~7.5	LW 紫(弱); SW 紫褐(中等)	460~687 nm 十几条比较清晰的黑色吸收线和653.5nm特征吸收线	二色性明显,紫红-紫褐	絮絮状的白色液态包裹体及愈合裂隙	重影明显
碧玺	桃红	非均质体	1.624~1.644	0.020	3.06	7~7.5	LW 红~紫(弱); SW 红~紫(弱)	绿光区宽吸收带;有时见525 nm 窄带,451nm、458 nm 吸收线	二色性强,红-黄,粉红-红	大量充满液体的扁状、不规则的管状包裹体,平行排列;裂纹及被气泡充满的管状裂隙(气泡占1/3体积)	管状包裹体平行排列,易形成猫眼效应
绿柱石	浅紫红、红	非均质体	1.577~1.583	0.005~0.009	2.72	7.5~8	LW 红; SW 暗红	无或弱的吸收	红-紫红(弱-明显)	可含有固体矿物包裹体、气液两相包裹状包裹体	含铯变种称为"摩根石";猫眼效应(稀少)
紫锂辉石	紫红	非均质体	1.660~1.676	0.014~0.016	3.18	6.5~7	LW 粉红(中-强); SW 粉橙(弱-中)	—	浅紫红-紫红-近无色(强)	液态包裹体	为柱状晶体;沿晶体长轴方向颜色深,垂直晶体长轴方向颜色消失
托帕石	粉红、浅紫红(热处理)	非均质体	1.619~1.627	0.008~0.010	3.53	8	LW 红; SW 暗红	440 nm 以下,550 nm 附近吸收带;620nm,700nm附近宽吸收带	浅红-橙红-黄(弱-明显)	两相包裹体;三相包裹体;两种或两种以上互不混溶的液态包裹体	红色托帕石自然界少见

① 金红石、锆石、磷灰石、尖晶石、赤铁矿、方解石等。
② 八面体的尖尖晶石包裹体(是缅甸和斯里兰卡尖晶石特征之一);气液包裹体(气泡所占面积较大);锆石、磷灰石、榍石等矿物包裹体。

2. 蓝色蓝宝石与相似宝石的鉴别

与蓝色蓝宝石相似的宝石主要有坦桑石、蓝碧玺、堇青石、蓝晶石、蓝尖晶石、蓝锥矿等，参照蓝色系列宝石原石的外观形态与表面特征（见表3-6）对蓝宝石及其相似宝石进行原石鉴别。

表3-6 常见蓝色系列宝石原石的外观形态和表面特征

宝石名称	晶系	晶体形态	晶面特征	其 他
蓝宝石	三方	六方桶状、六方柱状、尖锥状	柱面上常有横纹	多组裂开
尖晶石	等轴	八面体	三角形纹	尖晶石解理不发育
萤 石	等轴	立方体	立方体纹、三角形纹	四组八面体解理发育
蓝晶石	三斜	板柱状	纵纹为主，偶见斜双晶纹	两组解理；一组裂开
碧 玺	三方	复三方柱、六方柱	柱面上纵纹发育，横截面多呈球面三角形	无解理；贝壳状断口；晶体两端的晶面常不同
蓝锥矿	六方	六方粒柱状、板状、复三方双锥	—	具双晶裂开
堇青石	斜方	板柱状；假六方柱状或假六方板片状	—	—
坦桑石	斜方	板柱状	沿 b 轴延伸的柱面有横纹	一组解理

对于切磨好的蓝色系列宝石（见彩3-12）可依据蓝色色调、光性特征、折射率、相对密度、多色性、吸收光谱和放大检查等特征进行鉴别（见表3-7）。

三、合成红、蓝宝石的鉴别

红、蓝宝石非常名贵，并且高质量的红、蓝宝石产量较低，故一百年前就已经诞生了红、蓝宝石的人工合成技术，并且随着科学技术的进步，人工合成宝石技术也在不断更新与发展。

市场上常见的合成红宝石产品（见彩3-13和彩3-14）主要由焰熔法、助熔剂法和水热法等方法制得，合成蓝宝石除了以上三种合成方法以外还有晶体提拉法。

合成红、蓝宝石的光性特征（非均质体）、折射率（1.762～1.770）、相对密度（4.00）、莫氏硬度（9）等方面的物理性质与天然红、蓝宝石完全相同，但在紫外荧光、内部包裹体特征、吸收光谱等方面有着较大的差异，可据此鉴别（见表3-8及彩3-15～彩3-18）。

表3-7 蓝色系列宝石鉴别特征

名称	颜色	折射率	双折率	偏光性	相对密度	莫氏硬度	荧光效应	吸收光谱	多色性	放大检查	其他
蓝宝石	浅—深蓝；深紫；深绿；蓝	1.762~1.770	0.008~0.010	非均质体	3.95~4.05	9	无	450nm，460nm，470nm 吸收及425nm以下全吸收	二色性明显，蓝—绿蓝；蓝—灰蓝	平直色带；负晶；指纹状、雾状、丝状及矿物包裹体	可有六射星光或十二射星光（罕见）
尖晶石	灰蓝	1.718	—	均质体	3.60	8	无	425nm以下，455nm，570nm，700nm强吸收带；449~480nm，545~600nm弱吸收带	—	多裂隙；八面体晶形包裹体	颜色不饱和，闪灰
碧玺	灰蓝	1.624~1.644	0.020	非均质体	3.06	7~7.5	无	498nm强吸收带及红区普遍吸收	二色性强，深蓝—浅蓝	裂隙发育，线状、管状包裹体平行排列	重影；可有猫眼效应
锆石	浅蓝	1.925~1.984	0.059	非均质体	4.70	7~7.5	LW 浅蓝（无—中）；SW 无	2~40多条吸收线；特征收线为653.5nm	蓝—无；棕黄至蓝—无	愈合裂隙；矿物包裹体；底棱重影明显	猫眼效应（稀少）
蓝锥矿	浅—深蓝；紫蓝	1.757~1.804	0.047	非均质体	3.6~3.69	6~6.5	LW 无；SW 蓝白（强）	—	二色性强，蓝—无	有色带；重影	产地为加里福尼亚

名称	颜色	折射率	双折率	偏光性	相对密度	莫氏硬度	荧光效应	吸收光谱	多色性	放大检查	其他
蓝晶石	浅蓝、深蓝、灰蓝	1.716 ~ 1.731	0.012 ~ 0.017	非均质体	3.68	4 ~ 7.5	无	426nm、645nm 弱吸收带	三色性强，无至黄-蓝、灰-深紫	颜色分带；气液包裹体	偶见星光、猫眼、砂金效应
磷灰石	绿蓝	1.634 ~ 1.638	0.002 ~ 0.017	非均质体	3.18	5	LW 无；SW 蓝	—	蓝-浅蓝；蓝-黄	气液包裹体；固态矿物包裹体	有猫眼效应
董青石	蓝色、紫蓝	1.542 ~ 1.551	0.008 ~ 0.012	非均质体	2.61	7 ~ 7.5	无	415nm 以下、420nm、430nm、480 ~ 505nm 强吸收带；450nm、530nm、590 ~ 602nm, 605 ~ 615nm, 660 ~ 705nm 弱吸收带	三色性强，无至蓝-蓝灰-深紫	气液包裹体	偶见星光、猫眼、砂金效应
夕线石	紫蓝、灰蓝	1.659 ~ 1.680	0.015 ~ 0.021	非均质体	3.25	6 ~ 7.5	LW 蓝；SW 蓝	410nm、441nm、462nm 弱吸收带	无-浅黄-蓝	纤维状结构；可呈猫眼效应	—
萤石	蓝、绿蓝	1.434	—	均质体	3.18	4	多变（强）	—	—	色带；两相或三相包裹体	可有变色效应

表3-8　合成红、蓝宝石鉴别特征

名　称	紫外荧光	放大检查		其他特征
合成红宝石	强于天然红宝石,为强红色,且短波荧光强度大于长波荧光强度	焰熔法:气泡,弧形生长纹,偶见未熔的面包渣状粉末包裹体		水热法合成红宝石的红外光谱在3800～2800 cm⁻¹有明显吸收
		助熔剂法:彗星状、浆状助熔剂包裹体,呈三角形或六边形的铂金属片		
		水热法:无色透明的纱网状或指纹状包裹体,偶见籽晶片和气泡,生长纹理呈平直带状相间分布		
合成蓝宝石	除蓝色者惰性外,其他颜色者发光与体色相关且荧光强于相应天然蓝宝石	焰熔法:弧形生长纹和气泡,偶见未熔的面包渣状粉末包裹体		焰熔法合成蓝宝石的吸收光谱:绿色者具三条特征谱线和530nm吸收线;黄色者具690nm铬吸收线和460nm荧光线截止边;变色者具690nm、474nm吸收线
		助熔剂法:助熔剂小滴和浆状包裹体及呈三角形或六边形状的铂金属片		
		水热法:不规则枝状、放射状或粒状包裹体,絮状微晶,籽晶片		
		提拉法:金属包裹体、位错、拉长气泡和细密的弯曲生长条纹		

四、合成星光红、蓝宝石的鉴定

合成星光红、蓝宝石的方法主要为焰熔法,可通过观察其表面的星光、星线特征及放大检查其内部特征进行鉴别。

1. 外部特征

天然星光宝石(见彩3-1)的颜色自然,星光柔和且发自宝石内部,星线多呈波浪状向前延伸,星线的交汇处常有加宽、加亮现象,即有"光"有"辉";而合成星光宝石(见彩3-14)的颜色呆板,星光刺眼且浮在宝石表面,星线尖锐、平直向前延伸,星线交汇处无加宽、加亮现象,即有"光"无"辉"。

2. 放大检查

天然星光宝石可见平直色带或天然包裹体,而合成星光宝石从背面观察可见弧形生长纹、极细的白色粉末或分散的金红石或钛酸铝包裹体。

五、优化、处理红、蓝宝石的鉴别

自然界产出的红、蓝宝石多有颜色或净度等方面的不足，促使了优化处理红、蓝宝石技术的不断发展，红、蓝宝石的优化、处理产品也在市场上频繁出现。

目前，对红、蓝宝石进行优化、处理的方法主要有热处理、扩散处理、注油或染色处理、充填处理及拼合处理等。优化、处理的红、蓝宝石可依据其技术特点重点观察其紫外荧光、内部包裹体等方面特征进行鉴别（见表3-9）。

表3-9　优化、处理红、蓝宝石鉴别特征

名称	紫外荧光	放大检查	其他特征
热处理红、蓝宝石	某些热处理蓝色蓝宝石在短波下呈弱淡黄色或淡蓝色；长波下惰性	颜色条带或色团有扩散现象；包裹体周围出现片状、环状应力裂纹，负晶外围呈熔蚀状或浑圆状，丝状和针状包裹体呈断续状或微小点状	热处理黄色和蓝色蓝宝石缺失450nm吸收带
扩散红、蓝宝石	扩散红宝石在短波紫外光下可呈斑状蓝白色磷光；扩散蓝宝石在长短波紫外光下可呈蓝色、绿色或橙色	裂隙或凹坑等边缘或内部有颜色集中；油浸可见颜色在刻面棱线及腰围边缘处集中，呈网状分布；铍扩散红、蓝宝石可见表面微晶化，锆石包裹体有重结晶现象；钴扩散蓝宝石表面可见浅蓝色斑点	铬扩散红宝石折射率可高达1.788～1.790；有些扩散处理的蓝色蓝宝石无450nm吸收带，钴扩散蓝宝石可见钴的特征吸收带
扩散星光蓝宝石	长短波下均无反应，部分表面红色色斑发红色荧光	"星光"仅存在于表面，表层可见白点组成的絮状物；油浸观察可见表面呈红色	化学分析可发现表面Cr_2O_3含量异常高
注油红、蓝宝石	某些油在紫外光下有荧光	裂隙处轮廓模糊，可见干涉色，偶见气泡及部分油挥发后留下的斑痕或渣状沉淀物	用热针检测可见油珠析出
染色红、蓝宝石	可见染料引起的特殊荧光，如染色红宝石可有橘黄、橘红色荧光	染料集中于裂隙中	多色性、吸收光谱异常；用酒精、丙酮擦拭掉色；红外光谱出现染料吸收峰
充填红、蓝宝石	高铅玻璃充填红宝石紫外光下可见充填物强蓝色荧光	裂隙或表面空洞中可见玻璃状充填物及残留气泡；被充填的部分表面光泽较差；高铅玻璃充填红宝石中充填物呈不规则网脉状、斑块状沿裂隙分布，并有不同程度的蓝—蓝紫色"闪光"	可用红外光谱或拉曼光谱等分析测定成分，可见铅含量异常

名称	紫外荧光	放大检查	其他特征
拼合红、蓝宝石	拼合红宝石的冠部与亭部红色荧光强度不同	平行腰围方向观察，可见冠部与亭部颜色差别明显。冠部和亭部的包裹体不同：冠部可有天然包裹体或平直色带，亭部可有气泡和弧形生长纹等合成宝石特征；拼合界面处可见扁平的气泡；某些角度可见拼合面反光	拼合红、蓝宝石多为混合切工：冠部采用明亮式切工，而亭部采用阶梯式切工

1. 红、蓝宝石的热处理

通过模拟自然环境对色泽晦暗的红、蓝宝石进行加热，以提高红、蓝宝石颜色的鲜艳明亮度，并增强其"反火"程度的方法，称为红、蓝宝石的热处理（见彩3-19）。由于没有加入外来物质，热处理的红、蓝宝石被业内归为优化范畴，可以等同于天然红、蓝宝石进行出售。但未经热处理的优质红、蓝宝石价值远远高于经过热处理的同等质量的红、蓝宝石。

2. 红、蓝宝石的扩散处理

利用高温使外来的离子进入红、蓝宝石表面的晶格中，形成一薄层扩散颜色，该技术称为红、蓝宝石的扩散处理（见彩3-20）。

通常使用铬（Cr）离子可在浅色红宝石表面产生红色扩散层；

使用铁（Fe）、钛（Ti）或钴（Co）可产生蓝色扩散层；

铍（Be）扩散处理红、蓝宝石可产生黄色、橙色或者棕色色调，同时可以深入宝石内部。

另外，天然红、蓝宝石可经表面扩散产生星光蓝宝石和星光红宝石。表面扩散的星光蓝宝石整体多为黑灰色调的深蓝色，表面偶见红色斑块，星线完美均匀，其折射率、密度、气液包裹体特征均与天然蓝宝石相同，但不含有天然星光蓝宝石中的三组金红石针状包裹体。

3. 红、蓝宝石的注油处理

将裂隙较多的红、蓝宝石浸泡在油料里以改善其透明度的方法，称为红、蓝宝石的注油处理。

4. 红、蓝宝石的染色处理

将颜色浅淡、裂隙较多的红、蓝宝石放进有机染料溶液中浸泡、加温，使之染上颜色的方法，称为红、蓝宝石的染色处理。见彩3-21。

5．红、蓝宝石的充填处理

将充填材料注入或填充到红、蓝宝石的裂隙、孔洞和空隙中，以掩盖其裂隙缺陷，减少内反射，进而达到提高宝石的亮度、透明度和改善红宝石颜色的效果，该方法称为红、蓝宝石的充填处理。见彩3-22。

6．红、蓝宝石的拼合处理

将天然红、蓝宝石切磨成冠部，合成红、蓝宝石切磨成亭部，并用无色胶黏合为一整体的方法，称为红、蓝宝石的拼合处理。最常见的拼合红、蓝宝石是冠部为天然红宝石或蓝宝石，亭部为焰熔法合成红、蓝宝石。

第四章
祖母绿、海蓝宝石及其他绿柱石

绿柱石为铍铝硅酸盐矿物，是一个大家族，其中有我们熟知的名贵宝石祖母绿、著名的海蓝宝石，还有摩根石、金色绿柱石、绿色绿柱石、红色绿柱石等。

第一节　绿柱石的特征

一、绿柱石的基本性质

绿柱石的基本性质见表4-1。

表4-1　绿柱石基本性质一览表

矿物组成	绿柱石
化学成分	$Be_3Al_2Si_6O_{18}$，可含有 Cr、Fe、Mn、Ti、V 等元素
结晶状态	晶质体——六方晶系，晶体常呈六方柱状（彩4-2）
颜色	无色以及浅至深的绿色、蓝绿色、黄绿色、海蓝色、粉色、红色、黄色、棕色
光泽	玻璃光泽
透明度	透明至半透明
光性特征	非均质体——一轴晶，负光性

矿物组成	绿柱石
色散值	0.014
多色性	中等至强的二色性，依体色不同而不同
折射率	1.577～1.583；双折射率：0.005～0.009
相对密度	2.72
莫氏硬度	7.5～8
紫外荧光	无—弱，依品种不同而荧光不同
吸收光谱	依品种不同而异
特殊光学效应	猫眼效应（少见）；星光效应（罕见）

二、绿柱石的宝石品种

依据颜色和色调，绿柱石的宝石品种可分为祖母绿、海蓝宝石、摩根石（粉红色）、金色绿柱石、黄色绿柱石、绿色绿柱石、红色绿柱石、无色绿柱石、黑色绿柱石等。绿柱石颜色的不同主要由于其内部所含的微量致色元素不同所导致的。无色绿柱石内部不含致色元素，因而呈现无色。不同品种的绿柱石有着其各自的鉴别特征。

第二节　祖母绿的鉴定

祖母绿是绿柱石家族中最"高贵"的成员，因含致色元素铬离子及钒离子而呈现出柔和浓郁的绿色，透明的祖母绿通常被切磨成祖母绿型或长方形刻面宝石（见彩4-1）。根据其特殊光学效应和特殊现象，祖母绿还有三个特殊品种：祖母绿猫眼、星光祖母绿和达碧兹祖母绿（彩4-11），其中达碧兹是指宝石中心有一六边形的核心，由此放射出太阳光芒似的六道线条，形成一个星状的图案，因此得名。

一、祖母绿的鉴定特征

1. 外观形态及表面特征

祖母绿属六方晶系，晶体常呈六方柱状（见彩4-2），柱面发育有平行于c轴的纵纹，大多数晶体能具有完美的晶形，玻璃光泽，透明至半透明。祖母绿晶体有一组{0001}不完全解理，断口呈贝壳状至参差状。断口表面为玻璃光泽至油脂光泽。

祖母绿常呈颜色单一的绿色，透明或半透明，因其色散值较低（0.014）和较深体色的掩盖，视觉上通常感觉无"火彩"。

2. 偏光性、多色性、发光性的观察

祖母绿为非均质体，在正交偏光下呈现四明四暗现象。

祖母绿具有明显的二色性：黄绿-绿或蓝绿-绿。

祖母绿在紫外荧光灯下常具下列反应：

LW：无或弱橘红色、紫红色、弱绿色；

SW：通常无荧光，少数呈红色荧光。

3. 折射率、相对密度的测定

祖母绿的折射率常为1.577～1.583。祖母绿呈一轴负光性，双折射率为0.005～0.009。使用折射仪测定时，转动偏光片，可见两条阴影线，其中小值来回移动。

祖母绿相对密度为2.72。

4. 滤色镜、吸收光谱的观察

多数祖母绿在查尔斯滤色镜下呈强红或弱红色，也有一些产地的祖母绿因内部含铁，在滤色镜下不变色。因此，祖母绿在查尔斯滤色镜下的特征也可作为其产地鉴别的辅助手段。例如哥伦比亚祖母绿颜色一般为翠绿色或稍带蓝的深绿色，滤色镜下呈红色；与此相比，南非祖母绿由于含云母包裹体较多，绿色偏深，滤色镜下呈绿色。

祖母绿的吸收光谱主要呈现铬的吸收线：683nm、680nm强吸收线；662nm、646nm弱吸收线；630～580nm部分吸收；紫区全吸收。

5. 放大检查

祖母绿的内部包裹体较为丰富，常见有固态包裹体、两相气液或三相气液

固包裹体、负晶及负晶型包裹体。除包裹体外，祖母绿还可能有愈合或部分愈合的裂隙及色带、生长线等。不同产地的祖母绿中包裹体特征往往差异很大（见彩4-3～彩4-8），可根据祖母绿颜色色调差异、滤色镜检查并结合包裹体的特征进行产地鉴定（见表4-2和彩4-9和彩4-10）。

表4-2　世界主要产地祖母绿的鉴定特征

产　地		颜色	查尔斯滤色镜	典型包裹体
哥伦比亚	契沃尔	翠绿、蓝绿	淡红—红	三相包裹体、方解石、黄铁矿、铁质氧化物包裹体
	姆佐	深绿、翠绿	淡红—红	粒状黄褐色氟碳钙铈矿、三相包裹体、方解石
	科斯快茨	淡黄绿至微蓝暗绿	淡红—红	三相包裹体、云雾状包裹体
巴西		微蓝、翠绿	棕红、绿	云朵状长石、黄铁矿、云母片、磁铁矿、乳滴状气液包裹体
南非		深绿	绿	紫红或绿色云母片、三相包裹体、辉钼矿以及羽状或雪花状微裂隙
津巴布韦		深绿	微红、绿	针状、弯曲状或破碎状透闪石，可见褐铁矿
印度		浅绿、深绿	绿	逗号状两相包裹体
俄罗斯		黄绿	淡红—红	绿色竹节状阳起石、萤石、电气石、褐色片状黑云母
坦桑尼亚		黄绿、蓝绿	绿	黑云母、气液两相包裹体
赞比亚		深绿、灰绿、蓝绿	微红、绿	斑点状或碎片状黑云母、金红石、赤铁矿、金绿宝石、褐铁矿

二、祖母绿与相似宝石的鉴别

与祖母绿相似的常见绿色宝石主要有翡翠、碧玺、铬透辉石、橄榄石、萤石、钙铁榴石、铬钒钙铝榴石、磷灰石、锂辉石等，人工宝石中与祖母绿相似的主要有合成立方氧化锆、人造钇铝榴石、绿色玻璃等（见彩4-11～彩4-13），可依据其各自的宝石学特征（折射率、相对密度、放大检查等）进行鉴别（表4-3）。

表4-3　祖母绿与相似宝石鉴别特征

名　称	折射率	相对密度	放大检查	其　他
祖母绿	1.577～1.583	2.72	固态、气液两相及气液固三相包裹体（依产地而不同）	颜色均一，浓艳
翡翠	1.66	3.34	纤维交织结构	集合体，翠性
碧玺	1.624～1.644	3.06	含有大量充满液体的扁平状、不规则状包裹体，平行线状包裹体；重影	黄绿、灰绿、蓝绿色；强二色性；沿 c 轴强吸收
铬透辉石	1.675～1.701	3.29	丝状气液包裹体；内部包裹体及裂隙较少；重影	翠绿色；强三色性
橄榄石	1.654～1.690	3.34	"睡莲叶"包裹体；重影	弱三色性
磷灰石	1.634～1.638	3.18	气液两相包体和固体矿物包裹体	黄绿色较浅，弱三色性
萤石	1.434	3.18	色带；两相或三相包裹体；解理纹呈三角形	浅绿色；可有磷光；硬度低，刻面棱线粗糙
钙铁榴石（翠榴石）	1.888	3.84	马尾状包裹体	翠绿色；常具异常消光
铬钒钙铝榴石（察沃石）	1.740	3.61	短柱或浑圆状晶体包裹体	黄绿、翠绿色；常具异常消光；光泽强
锂辉石	1.660～1.676	3.18	液态包裹体	浅翠绿；强三色性；深绿–蓝绿–淡黄
合成立方氧化锆	2.150	5.80	通常洁净；有时有未熔的氧化锆残余或气泡	色散强
人造钇铝榴石	1.833	4.55	通常洁净，偶见气泡	强玻璃光泽
玻璃	1.470～1.700	2.30～4.50	气泡、凹坑、流纹线；橘皮效应；刻面棱线粗糙	加铅或稀土者折射率和密度均会提高

弧面型的祖母绿和优质的翡翠非常相似，但二者最大的区别在于，祖母绿是透明的单晶体，优质的翡翠是多晶集合体，用宝石偏光镜可以迅速将其分开。有经验的人可以直接从其色泽、透明度、内部包裹体及结构特点将二者区分开来，祖母绿颜色浓艳，可有微蓝色调，透明度高，内部多含多种包裹体或微裂隙，手掂较翡翠轻；优质翡翠颜色鲜艳，但很少有蓝色调，半透明，极少含有矿物包裹体，纤维交织结构，手掂较祖母绿重。

除绿色玻璃外，这些与祖母绿相似的绿色宝石相对密度均高于祖母绿的相对密度；除了绿色萤石和绿色玻璃外，其余相似宝石品种的折射率也均高于祖母绿的折射率；翠榴石、察沃石、萤石、合成立方氧化锆、人造钇铝榴

珠宝鉴定

石和玻璃是均质体，无多色性，而绿色碧玺具强二色性，橄榄石具弱三色性，有别于祖母绿；祖母绿典型的吸收光谱（铬谱）也有别于其他绿色宝石品种。

三、合成及优化、处理祖母绿的鉴别

祖母绿在世界上的产量极为稀少，据统计，每100万颗绿柱石矿物中仅有一颗是祖母绿，优质的祖母绿更是少之又少，因此祖母绿是绿色宝石的代表，更是矿物中的珍品。

1. 合成祖母绿的鉴别

由于祖母绿的稀少性，市场上出现了相当数量的合成祖母绿。最为常见的合成祖母绿方法有助熔剂法和水热法两种。由于合成祖母绿的国内外生产商有很多，所以不同商家或机构由于合成工艺的差异其合成祖母绿的特征存在着微小的差异。

合成祖母绿的折射率、密度、莫氏硬度、多色性等宝石学性质与天然祖母绿基本相同，但合成祖母绿的内部包裹体、紫外荧光及查尔斯滤色镜下特征与天然祖母绿大不相同（表4-4）。

表4-4 合成祖母绿的鉴别特征

名 称	紫外荧光	查尔斯滤色镜	放大检查	红外光谱
合成祖母绿（水热法）	强红	鲜红	无色种晶片；硅铍石晶体；钉状包裹体、平行线状微小的两相及管状包裹体	存在水的吸收峰
合成祖母绿（助熔剂法）	强红	鲜红	助熔剂残余（面纱状，网状或呈水滴状）、铂金片、硅铍石晶体及均匀的平行生长线	无水吸收峰

水热法合成祖母绿的特征包裹体为硅铍石晶体、钉状包裹体以及管状包裹体等，可有波浪状生长纹；助熔剂法合成祖母绿的特征包裹体则为面纱状、网状或呈小滴状助熔剂残余和铂金片等，可有平行的生长纹（见彩4-13～彩4-15）。

无论在长波还是短波紫外光下，合成祖母绿的荧光均强于天然祖母绿且呈强红色；在查尔斯滤色镜下，合成祖母绿呈鲜艳的红色也均强于天然祖母绿。

红外光谱可以有效地鉴定助熔剂法合成的祖母绿，因为助熔剂法合成的祖母绿是在无水的环境中生长的，所以红外光谱中没有水的吸收峰。而天然祖母绿和水热法合成祖母绿的红外光谱均有水的吸收峰。

此外，在观察可见光吸收光谱时应注意：许多天然祖母绿因颜色较浅其吸收光谱线不易观察，而多数合成祖母绿颜色鲜艳其吸收光谱线较明显。

2. 优化、处理祖母绿的鉴别

正是由于优质祖母绿的稀缺性，对质量欠佳的祖母绿进行优化、处理的方法也应运而生了。目前市场上常见的祖母绿优化处理方法为浸油、染色、充填和覆膜。

（1）浸油祖母绿　浸无色油对于祖母绿是极为普遍的，通常刚开采出来的祖母绿均需浸入油中，才会不使祖母绿开裂。同时注油可掩蔽裂隙，改善透明度（见彩4-16）。但是随着时间的推移，油将干涸，而使祖母绿原来的裂隙更明显。

浸油祖母绿具有天然祖母绿的包裹体；裂隙较发育，其表面裂隙呈无色或淡黄色反光；长波紫外光下可呈黄绿色或绿黄色荧光；红外光谱检测有油的吸收峰；热针靠近会"出汗"。

（2）染色祖母绿　染色祖母绿是用化学颜料将色浅的祖母绿染成深绿色，可采用有色油的方法来实现。

染色祖母绿的绿色油沿裂隙分布，其表面裂隙呈绿色反光（见彩4-17），油干涸后的裂隙处可见绿色染料。油受热后会从裂隙中渗出，用棉纸或镜头纸擦拭可检验渗出现象，包装纸上的绿色油迹也指出祖母绿经过了有色油处理。某些有色油在紫外光下可发出荧光。

（3）充填祖母绿　注胶是近代充填祖母绿裂隙的方法。注胶充填祖母绿裂隙不明显，充填区有时呈雾状，可见流动构造和残留的气泡。反射光下充填裂隙可见黄色的干涉色，即所谓的闪光效应。出露到表面的充填物光泽较弱，硬度较低，钢针可刺入。祖母绿充填前后对比见彩4-18。

（4）覆膜祖母绿　覆膜祖母绿有两种：一种为底衬处理，是在祖母绿戒面底部衬上一层绿色薄膜，并用闷镶的形式进行镶嵌，以加深浅色祖母绿的颜色；另一种被称为表面附生处理，是将无色的绿柱石戒面放入水热炉中在外层生长一层绿色的合成祖母绿，外层仅0.5mm厚，这种祖母绿也被看成是一种具有特殊种晶的合成祖母绿。

底衬处理的祖母绿不易察觉，通常无二色性和祖母绿典型的吸收光谱；放大检查可发现底部近表面处有接合缝以及其内的气泡残留；有时会发现有薄膜脱落或起皱等现象。

表面附生处理的祖母绿表面常产生网状裂纹，浸泡于水中观察，可见棱角处颜色明显集中，表面颜色深于内部的特征。

第三节　海蓝宝石的鉴定

海蓝宝石是含铁的绿蓝色、蓝绿色、浅蓝色的绿柱石，一般色调较浅，其蓝色是由二价铁引起的。海蓝宝石与祖母绿同属于绿柱石族，其珍贵程度远不及祖母绿，但长期以来却一直受到人们的喜爱。

一、海蓝宝石的鉴定特征

海蓝宝石晶体常呈六方柱状或六方短柱状（见彩4-19），颜色单一，呈海蓝色，可呈不同绿色调。透明度好，裂隙少，包裹体较少，各产地的海蓝宝石均属伟晶岩型，故包裹体特征相同，仅颜色稍许不同而已。如巴西海蓝宝石常呈带蓝的绿色（见彩4-20）；马达加斯加海蓝宝石常呈中暗蓝色（见彩4-21）；中国海蓝宝石，色偏浅，常呈海水蓝、湖水蓝以及天蓝色（见彩4-22）。

深色的海蓝宝石二色性明显，呈蓝-蓝绿或蓝-绿蓝或蓝-无色；浅色的海蓝宝石呈浅蓝-无色或二色性不明显。

海蓝宝石在正交偏光镜下呈四明四暗现象；紫外荧光呈惰性；吸收光谱为537nm、456nm弱吸收线和427nm强吸收线。

海蓝宝石的透明度一般比较高，内部也较为干净，偶尔可见包裹体（见彩4-23和彩4-24）。放大观察，海蓝宝石经常会看到内部具有典型的平行排列的似"雨丝"的管状包裹体。若其密集平行排列到一定程度，会形成猫眼效应（见彩4-25）。

二、海蓝宝石与相似宝石的鉴别

与海蓝宝石相似的常见宝石主要有蓝托帕石、蓝宝石、蓝碧玺、蓝锆石、蓝磷灰石、蓝萤石等（见彩4-26），可根据彼此间的宝石学性质不同（见表4-5），通过以下方法进行鉴别。

表4-5 海蓝宝石与相似宝石的鉴别特征一览表

宝石名称	光性	折射率	相对密度	莫氏硬度	吸收光谱	放大检查	其他
海蓝宝石	非均质体	1.577～1.583	2.72	7.5～8	537nm 和 456nm 弱吸收线、427nm 强吸收线，依颜色变深而增强	液态包裹体；气液两相包裹体；三相包裹体；平行管状包裹体	滤色镜下黄绿色；弱至中等的二色性：蓝－绿蓝；蓝－浅蓝
萤石	均质体	1.434	3.18	4	不特征	两相或三相包裹体	亚玻璃光泽
锆石	非均质体	1.925～1.984	4.70	6～7.5	2～40多条吸收线；特征吸收线为653.5nm	愈合裂隙；矿物包裹体；重影明显	强二色性：蓝－棕黄至无色
蓝宝石	非均质体	1.762～1.770	4.00	9	450nm、460nm、470nm 吸收线；425nm 以下全吸收	平直色带；负晶；矿物包裹体	强玻璃光泽；中等二色性：蓝－浅蓝
磷灰石	非均质体	1.634～1.638	3.18	5～5.5	不明显	气液包裹体；矿物包裹体	强二色性：蓝－黄至无色
碧玺	非均质体	1.624～1.644	3.06	7～8	498nm 吸收窄带；红区普遍吸收	线状、管状包裹体；裂隙发育；重影	强二色性：浅蓝－绿蓝
托帕石	非均质体	1.619～1.627	3.53	8	440 nm 以下、550nm 附近吸收带；620nm、700nm 附近弱宽吸收带	两种或两种以上互不混溶液态包裹体	滤色镜下呈灰蓝色；弱至中等三色性：蓝－浅蓝－蓝绿

① 萤石为均质体，用偏光仪便可将其鉴别出来。

② 测定宝石的折射率值，便可迅速鉴定出宝石的品种。

③ 用相对密度为3.32的重液检测，蓝宝石和锆石下沉，其余品种上浮（注意：磷灰石易与重液反应，测定磷灰石的密度应采用静水力学法）。

④ 锆石和碧玺放大观察有重影现象。

⑤ 市场上的蓝色托帕石通常是无色的托帕石辐照改色的，蓝色托帕石的颜色一般较深，并且清澈透明；托帕石在滤色镜下呈灰蓝色，而海蓝宝石则呈特征的黄绿色。

⑥ 碧玺的多色性有明显的两个色调的变化；而海蓝宝石为中等—弱的

多色性，只是颜色深浅的变化。注意：若样品的颜色很浅，则多色性不易观察。

❧❧❧ 第四节　其他绿柱石的鉴定 ❧❧❧

一、摩根石的鉴定

摩根石是颜色呈粉红色、浅橘红色到浅紫红色、浅玫瑰红色、桃红色的绿柱石（见彩4-27和彩4-28），其英文名称Morganite源于美国著名金融家J.Pierpont Morgan。

摩根石主要由Mn元素致色，但也常有少量的稀有金属元素Cs和Rb替代，使其折射率（1.560～1.592）和相对密度（2.80～2.90）偏高。摩根石的二色性很明显：浅粉-蓝粉；紫外荧光呈弱淡紫红色；吸收光谱不特征。

由Fe和Mn致色的橘黄色绿柱石，热处理后可呈粉红色；此外，市场上还可见由辐照改色的摩根石，此类经优化处理的摩根石可通过紫外-可见光分光光度计检测其特有的吸收光谱来进行鉴定。

二、红色绿柱石的鉴定

红色绿柱石是一种产于美国犹他州沃沃山脉的紫红、红色、橘红色绿柱石（见彩4-29和彩4-30），原石晶体颜色常常分布不均匀，有时有褐色斑点。与其他颜色的绿柱石相比，红色绿柱石富含Mn、Ti、Fe、Rb、Zn和Sn，而K、Na、Ma等碱金属缺失且几乎不含水。

红色绿柱石的折射率为1.564～1.572，相对密度为2.66～2.70；二色性明显：红-紫红或紫红-橘红；紫外荧光惰性；放大检查可见充填有气液包裹体的愈合裂隙和石英、方锰铁矿、长石或赤铁矿等矿物包裹体；特有痕量元素为Cs、Sn、Zn；吸收光谱450～600nm宽吸收带、400nm以下全吸收和370nm、430nm、485nm弱吸收线；红外光谱无水的吸收峰。

俄罗斯莫斯科晶体研究所水热法合成的红色绿柱石呈红色、橘红色（见彩4-31），折射率为1.569～1.580，相对密度为2.67～2.70；二色性明显：紫红－橘红或紫红－橙棕；可见籽晶、波浪状生长纹，赤铁矿和钉头状包裹体；特有痕量元素为Co、Ni；吸收光谱480～600nm宽吸收带、400～470nm窄吸收带和530nm、545nm、560nm、570nm、580nm吸收线以及370nm、410nm弱吸收线；红外光谱有水的明显吸收峰。

三、黄色绿柱石的鉴定

黄色绿柱石也称金色绿柱石（见彩4-32），由Fe元素致色，可呈金黄色、橙色、黄棕色、柠檬黄色、淡黄色等颜色。黄色绿柱石的宝石学基本性质与海蓝宝石相近，紫外荧光惰性，分光镜下可见蓝区有一条模糊的吸收带，并且某些金色绿柱石偶可见猫眼效应。

辐照可使含少量Fe^{2+}的绿柱石由无色变为黄色，粉红色变为橘黄色，可通过吸收光谱进行检测。

四、绿色绿柱石的鉴定

绿色绿柱石是浅—中等的黄绿色、蓝绿色、绿色绿柱石的统称，其致色元素为Fe，不含Cr和V，因而色浅，饱和度和明亮度低（见彩4-33和彩4-34）。

绿色绿柱石的基本性质与黄色绿柱石相似，绿色和黄绿色的绿柱石热处理可变成海蓝宝石，经辐照可变成金黄色或知名的Maxixe型蓝色绿柱石。这种Maxixe型蓝色绿柱石呈钴蓝色有别于海蓝宝石的颜色，可通过检测其吸收光谱具有688nm、624nm、587nm、560nm处的吸收带进行鉴定。

第五章

金绿宝石

第一节　金绿宝石的特征

金绿宝石因其独特的黄绿至金绿色外观而得名，金绿宝石家族中的猫眼石和变石以其特殊的光学效应而闻名。

一、基本性质

金绿宝石的基本性质见表5-1。

表5-1　金绿宝石基本性质一览表

名称	猫眼石	变石	普通金绿宝石
矿物组成	金绿宝石		
化学成分	$BeAl_2O_4$		
结晶状态	晶质体——斜方晶系		
光泽	玻璃光泽		
光性特征	非均质体——二轴晶正光性		
折射率	1.746～1.755；双折射率：0.008～0.010		
相对密度	3.73		
莫氏硬度	8～8.5		
颜色	黄色、黄绿色、褐黄色	日光下绿色；白炽灯下红色	浅一中黄色、黄绿色、灰绿色、褐色—黄褐色
透明度	亚透明至半透明	透明	透明

名称	猫眼石	变石	普通金绿宝石
多色性	弱三色性，黄－黄绿－橙色	强三色性，绿－橘黄－紫红色	弱－中的三色性，黄－绿－褐色
紫外荧光	惰性	弱至中等的红色荧光	短波：无—黄绿色
特殊光学效应	猫眼效应	变色效应	无

二、金绿宝石的分类

金绿宝石根据其特殊光学效应的有无可分为猫眼石、变石、变石猫眼和普通金绿宝石。

1. 猫眼石

猫眼石（见彩5-1）是指具有猫眼效应的金绿宝石，因其内部含有一组密集平行排列的纤维状包裹体而具有猫眼效应。只有具有猫眼效应的金绿宝石才可直接命名为猫眼石或猫眼。猫眼石的产地主要有巴西、斯里兰卡、印度、缅甸等，其中以斯里兰卡产出的猫眼石最为著名。

2. 变石

变石（见彩5-2）是指具有变色效应的金绿宝石。变石在白色光源（如日光或日光灯）下呈现绿色，而在黄色光源（如白炽灯或烛光）下则呈现红色，故被誉为"白昼里的祖母绿，黑夜里的红宝石"。变石的变色效应是因其含有微量的铬（Cr）和钒（V）元素。只有具有变色效应的金绿宝石才可直接命名为变石或亚历山大石。变石的著名产地为俄罗斯，其他产地还有巴西、斯里兰卡、印度等。

3. 变石猫眼

变石猫眼（见彩5-3）是金绿宝石亚种中的一个特殊品种，是同时具有变色效应及猫眼效应的金绿宝石。变石猫眼既含有产生变色效应的铬和钒元素，又含有大量丝状包裹体以产生猫眼效应。变石猫眼是一种非常珍贵、非常稀有的宝石品种，其唯一产地是斯里兰卡。

4. 普通金绿宝石

不具备特殊光学效应的金绿宝石被称为普通金绿宝石。见彩5-4～彩5-8。

第二节　金绿宝石的鉴定

一、猫眼石的鉴定

1. 猫眼石的鉴定特征

猫眼石可呈现多种颜色，如蜜黄、黄绿、褐绿、黄褐、褐色等，并具有独特的乳白蜜黄效应（见彩5-9），即在45°斜射光下，猫眼石的向光一半呈现其体色，而另一半则呈现乳白色（见图5-1）。

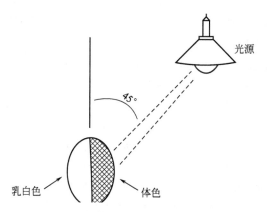

图5-1　45°斜射光下猫眼石乳白蜜黄效应示意图

猫眼石多为亚透明至半透明，弧面型切割，折射率点测1.75，相对密度通常为3.73；弱三色性：黄–黄绿–橙色（黄色猫眼石的弱三色性为黄绿–浅黄绿–无色）。

若将琢磨完好的弧面型猫眼石放在两个光源下，随着宝石的转动，其猫眼会出现一睁一闭的效果，即睁开时，呈现一个宽的亮带，而闭合时，则呈现一条细的亮带。猫眼石的吸收光谱在蓝光区445nm附近有一特征吸收带。

放大检查，猫眼石内部可见密集平行排列的丝状包裹体，并且可含有云母、阳起石、针铁矿、石英和磷灰石等固体矿物包裹体。

2. 猫眼石与相似宝石及人造猫眼的鉴别

具有猫眼效应的宝石很多，如碧玺、海蓝宝石、夕线石、石英、磷灰石等（见彩5-10～彩5-14）都可具有猫眼效应。可通过肉眼观察其颜色、猫眼眼线特征，并结合折射率、相对密度、莫氏硬度、放大检查等方面的检测进行一一区分（见表5-2）。

表5-2　猫眼石与相似宝石及人造猫眼的鉴别特征

名　称	颜色	折射率	相对密度	莫氏硬度	猫眼眼线	放大检查
猫眼石	蜜黄、褐黄	1.75	3.73	8～8.5	灵活、纤细、明亮	丝绢状包裹体
石英猫眼	灰白、灰褐、褐黄	1.54	2.66	7	宽、含糊不清、亮度较低	细管状包裹体
磷灰石猫眼	绿黄	1.63	3.18	5～5.5	中等粗细、较灵活	细管状包裹体
透辉石猫眼	浅绿黄	1.68	3.29	5～6	中等粗细、较灵活	细管状包裹体
碧玺猫眼	黄、棕绿、粉红、蓝绿	1.62	3.06	7～8	中等粗细、较灵活	长管状包裹体
阳起石猫眼	浅黄绿	1.63	3.00	5～6	中等粗细、较灵活	平行纤维结构
绿柱石猫眼	棕黄、褐黄、绿	1.58	2.72	7.5～8	中等粗细、较灵活	管状包裹体
方柱石猫眼	紫	1.55	2.68	6～6.5	中等粗细、较灵活	管状包裹体
柱晶石猫眼	黄、绿、褐黄	1.67	3.30	6～7	中等粗细、较灵活	管状包裹体
顽火辉石猫眼	灰黄、紫蓝	1.66	3.25	5～6	中等粗细、较灵活	管状包裹体
夕线石猫眼	灰白、褐	1.67	3.25	6～7.5	中等粗细、较灵活	管状包裹体
长石猫眼	绿黄、棕黄	1.52	2.58	6～6.5	中等粗细、较灵活	聚片双晶纹
木变石猫眼	褐黄、棕红、灰蓝	1.54	2.64	7	不灵活、宽	纤维状结构
玻璃猫眼	各种颜色	1.54 或其他值	2.46 或其他值	5～5.5	异常明亮、闪光呆板	蜂窝状结构

人造猫眼宝石主要是指玻璃猫眼（见彩5-15），通过加热并拉成丝束状的细玻璃丝加工成弧面型宝石而产生出猫眼效应。在玻璃猫眼的侧面垂直于光带的方向，使用放大镜即可观察到蜂窝状结构（见彩5-16），结合其过分完美的眼线使得玻璃猫眼易于识别。

二、变石的鉴定

1. 变石的鉴定特征

变石的经验鉴定可根据特征的变色效应进行鉴别，通常变石在白色光源（如日光或日光灯）下为带黄色、褐色、灰色或蓝色色调的绿色，在黄色光源（如白炽灯或烛光）下则呈现橙色或褐红—紫红色。

变石多为透明，琢型为刻面型，折射率为1.746～1.755，相对密度通常为3.73；强三色性：绿–橘黄–紫红色；吸收光谱在红区有4条吸收线、蓝区有1或2条吸收线。

变石内部通常含有指纹状包裹体、丝状物或可含有云母、阳起石、针铁矿、石英和磷灰石等固体矿物包裹体。

2. 变石与相似宝石及人工变色宝石的鉴别

除变石外，自然界中某些其他品种的宝石也具有变色效应，如变色石榴石（见彩5-17）、变色蓝宝石（见彩5-18）、变色尖晶石、变色萤石等。通过检测这些宝石的折射率、相对密度、莫氏硬度及放大检查内部特征，并结合其变色效应的特点可进行鉴别。

人工变色宝石的品种主要有合成变色蓝宝石、合成变石、合成变色尖晶石、合成变色立方氧化锆、人造变色钇铝榴石和变色玻璃等。其中合成变石的方法主要有助熔剂法和晶体提拉法等，合成变色蓝宝石和合成变色尖晶石的方法主要为焰熔法，合成变色立方氧化锆的方法为冷坩埚熔壳法，人造变色钇铝榴石的方法为晶体提拉法，变色玻璃则为玻璃工艺制得。不同的人工合成方法产生不同特征的内部包裹体，并结合折射率、相对密度、莫氏硬度和变色效应，可据此进行鉴别。

对于助熔剂法合成变石，放大检查通常可以见到脉状包裹体，助熔剂包裹体可呈云雾状外观，具有细薄的、模糊的外形，也可以是粗粒的并含有助熔剂的小滴。除此之外，助熔剂法合成变石的另一常见特征包裹体是微小的六边形或三角形铂金属片。晶体提拉法生长的合成变石具有针状包裹体及弧形生长纹，是鉴定其为合成品的证据。

变石与其相似宝石及人工变色宝石可根据各自鉴别特征进行鉴定，见表5-3。

表5-3 变石与相似宝石及人工变色宝石的鉴别特征

名称	折射率	相对密度	莫氏硬度	变色现象	放大检查
变石	1.746～1.755	3.73	8～8.5	日光下：绿色。 白炽灯下：红色	不规则气液包裹体
变色蓝宝石	1.762～1.770	4.00	9	日光下：绿、紫蓝色。 白炽灯下：紫红色	平直色带， 指纹状包裹体
变色红柱石	1.634～1.643	3.17	7～7.5	日光下：冷色调。 白炽灯下：暖色调	气液及固态包裹体
变色锆石	1.925～1.984	4.17	6～7.5	日光下：冷色调。 白炽灯下：暖色调	气液及固态包裹体
变色石榴石	1.710～1.830	3.78	7～7.5	日光下：冷色调。 白炽灯下：暖色调	含针状包裹体
变色尖晶石	1.718	3.60	8	日光下：冷色调。 白炽灯下：暖色调	洁净；偶见气泡
变色萤石	1.434	3.18	4	日光下：冷色调。 白炽灯下：暖色调	色带；两相或三相 包裹体
变色蓝晶石	1.716～1.731	3.68	4～7.5	日光下：冷色调。 白炽灯下：暖色调	色带；解理纹或裂 开
合成变石	1.746～1.755	3.73	8～8.5	日光下：绿色。 白炽灯下：红色	气泡；弯曲条纹； 铂金片；助熔剂包 裹体
合成变色 蓝宝石	1.762～1.770	4.00	9	日光下：蓝灰色。 白炽灯下：紫红色	气泡； 弧形生长纹
合成变色 尖晶石	1.728	3.64	8	日光下：冷色调。 白炽灯下：暖色调	气泡；粉末状包裹 体和弧形生长纹
合成变色 立方氧化锆	2.150	5.80	8.5	日光下：冷色调。 白炽灯下：暖色调	一般洁净；偶见气 泡
人造变色 钇铝榴石	1.833	4.55	8	日光下：冷色调。 白炽灯下：暖色调	一般洁净；偶见气 泡
变色玻璃	1.540	2.46	5.5	日光下：紫红色。 白炽灯下：紫蓝色	气泡；棱线粗糙

三、变石猫眼的鉴定

变石猫眼可根据其折射率为1.75（点测）、相对密度为3.73以及同时具有变色和猫眼效应的特征进行鉴别。

四、普通金绿宝石的鉴定

1. 普通金绿宝石的鉴定特征

（1）晶体外观形态　金绿宝石属斜方晶系，二轴晶正光性；晶体形态常呈板状、短柱状，常形成假六方的三连晶穿插双晶（见彩5-7和彩5-8）；晶面上常有平行条纹或双晶"雁行"纹，可根据此外观形态和晶面特征对金绿宝石原石进行鉴定。

（2）颜色　金绿宝石通常为浅—中等的黄色至黄绿色（见彩5-4～彩5-6）、棕黄色、褐色至黄褐色、灰绿色以及罕见的浅蓝色。

（3）光泽、透明度　金绿宝石具玻璃光泽。普通金绿宝石可与变石一样，常为透明。

（4）折射率、相对密度　金绿宝石的折射率为1.746～1.755；双折射率为0.008～0.010；相对密度为3.73，掂重的感觉为中等。

（5）硬度　金绿宝石的莫氏硬度为8～8.5。

2. 普通金绿宝石与相似宝石的鉴别

与普通金绿宝石相似的宝石主要有具黄色调的钻石、蓝宝石、托帕石、碧玺、水晶、绿柱石、长石、赛黄晶、高型锆石、钙铝榴石、榍石、磷灰石等，可参照表5-4进行鉴别。鉴别要点为：

（1）注意颜色的观察　尽管同属黄色系列，但对于不同的宝石品种，其各自的色调有差异。

（2）光性特征、折射率、相对密度是鉴定宝石品种的关键　除了钻石和钙铝榴石为均质体外，其他黄色宝石品种均为非均质体。密度大于金绿宝石的只有高型锆石和蓝宝石，密度与金绿宝石接近的是钻石、托帕石、钙铝榴石和榍石，而其他大多数品种的密度均小于金绿宝石很多。要注意钻石、高型锆石和榍石的折射率无法用折射仪测得。

（3）吸收光谱和内部特征也是鉴定的重要依据　不同品种的黄色宝石，其吸收光谱及内部包裹体特征各不相同，见表5-4。

表5-4 金绿宝石与相似宝石的鉴别特征

名称	颜色	偏光性	折射率	色散值	相对密度	莫氏硬度	荧光效应	吸收光谱	放大检查
金绿宝石	黄、棕黄、绿黄	非均质体	1.746~1.755	0.015	3.73	8.5	—	445nm 强吸收带	天然矿物包裹体；有阶梯状双晶纹
钻石	深黄、橘黄	均质体	2.417	0.044	3.52	10	黄—橘黄	408nm、415nm、425nm、445nm、460nm、475nm 吸收线	点状、羽状及天然矿物包裹体；生长纹；解理面；刻面棱锋利
蓝宝石	橘黄、微棕黄	非均质体	1.762~1.770	0.018	4.00	9	黄—橘黄	450 nm 吸收带或 450nm、460nm、470 nm 吸收线	平直色带；指纹状包裹体；百叶窗式双晶纹
托帕石	黄、棕黄、褐黄	非均质体	1.619~1.627	0.014	3.53	8	橘黄—棕黄	—	两种互不混溶的液态包裹体；气泡及管状平行排列包裹体
碧玺	棕黄、绿黄	非均质体	1.624~1.644	0.017	3.06	7~7.5	弱	—	裂隙多；管状及线状气液包裹体或见色带
水晶	黄、金黄、柠檬黄	非均质体	1.544~1.553	0.013	2.65	7	无	—	气液包裹体或见色带
绿柱石	绿黄、棕黄、褐黄、橘黄	非均质体	1.577~1.583	0.014	2.72	7.5~8	无	通常无或弱的铁吸收	三相包裹体、可含固体矿物包裹体；气液两相包裹体或管状包裹体
长石	绿黄、橘黄	非均质体	1.522~1.550	0.012	2.58~2.65	6~6.5	橘红（无~弱）	420nm、448 nm 吸收带	解理；聚片双晶纹；气液包裹体；矇眬感
赛黄晶	浅黄、深黄	非均质体	1.630~1.636	0.016	3.01	7	浅黄	某些可见 580 nm 双吸收线	无特征包裹体
高型锆石	黄色、橘黄	非均质体	1.925~1.984	0.038	4.70	7~7.5	黄橙（无~中）	653.5nm、610nm、550nm 强吸收及 490nm、450nm、415nm 弱吸收线	可见愈合裂隙、矿物包裹体等；重影明显
钙铝榴石	浅—深黄	均质体	1.740	0.027	3.61	7~7.5	橘黄（弱）	—	短柱状或浑圆状晶体包裹体以及热波效应
榍石	黄、橘黄	非均质体	1.900~2.034	0.051	3.50~3.52	5~6	无	645nm、650nm、655nm、665nm、670nm 吸收线	强重影；指纹状包裹体；矿物包裹体；双晶
磷灰石	浅黄、绿黄	非均质体	1.638	0.013	3.18	5	紫粉红	445nm 吸收带和 470~615nm 间 9 条吸收线	固态或液态气液包裹体

第六章

欧　泊

❧ 第一节　欧泊的特征 ❧

　　欧泊是指宝石级的蛋白石（可具变彩效应），为非晶质（或部分晶质化），是由粒径为150～400nm整齐排列的二氧化硅胶粒构成，胶粒大小与胶粒间隙相等，胶粒间隙充填有吸附水或间隙水。

一、欧泊的基本性质

　　欧泊无一定外形，通常为致密块状、结核状和皮壳状等。欧泊颜色十分丰富，具有特殊的变彩效应，即在光源下转动欧泊可以看到五颜六色的色斑，其基本性质见表6-1。

表6-1　欧泊基本性质一览表

矿物组成	蛋白石
化学成分	$SiO_2 \cdot nH_2O$，含水量一般为4%～10%，最高可达到20%
结晶状态	非晶质体
颜色	体色可有黑、白、深灰、绿、蓝、红、橙、棕等多种颜色
光泽	树脂光泽至玻璃光泽
透明度	透明至不透明
光性特征	均质体，火欧泊常见异常消光
折射率	1.42～1.43，火欧泊可低至1.37
相对密度	2.15

矿物组成	蛋白石
莫氏硬度	5～6
紫外荧光	可具无至中等强度的荧光，可有磷光
吸收光谱	绿色者具 660nm、470nm 吸收线
特殊光学效应	变彩效应，猫眼效应（稀少）

二、欧泊的种类

欧泊有许多品种，根据其体色、结构及成因的不同，可将欧泊分为白欧泊、黑欧泊、火欧泊、晶质欧泊、砾石欧泊、化石欧泊和欧泊猫眼七大类（见彩6-1～彩6-15）。

1. 白欧泊
体色为白色或浅灰色的欧泊品种（见彩6-1和彩6-2）。

2. 黑欧泊
体色为黑色或深色的欧泊品种（见彩6-6和彩6-7）。

3. 火欧泊
通常呈半透明到透明，体色为橘红色调，变彩微弱（见彩6-11和彩6-12）。

4. 晶质欧泊
本体无色的欧泊品种。有的晶质欧泊通体透明，酷似水晶，所以商业上也将这种晶质欧泊称为"水晶欧泊"（见彩6-13）。

5. 砾石欧泊
带有围岩的欧泊品种。砾石欧泊的形态复杂多样，体现出自然的美感。目前市场上对围岩中铁含量较高的砾石欧泊也称为"铁欧泊"（见彩6-15）。

6. 化石欧泊
欧泊交代贝壳、动物骨骼以及动物的分泌物等形成的欧泊品种，通常具有动物骨骼的形态等特征（见彩6-9）。

7. 欧泊猫眼
欧泊内部存在一组密集平行排列的纤维状或管状包裹体时，便可形成欧泊猫眼。火欧泊与黑欧泊品种中都可呈现猫眼效应（见彩6-7和彩6-12）。

‹‹‹‹‹ 第二节 欧泊的鉴定 ›››››

一、欧泊的鉴定特征

欧泊是赋存于蛋白石中的贵蛋白石，为非晶质均质体，原石多为有变彩的块体，可根据其莫氏硬度5～6.5、相对密度2.05～2.23（一般2.15）、韧性差、无解理、玻璃或油脂光泽、贝壳状断口等特征进行鉴别。

欧泊特有的变彩效应是其主要鉴定依据，转动欧泊可以看到不同颜色富有立体感的交替变换，变彩灵动。

欧泊通常呈透明或不透明。色彩丰富，可有白色、黑色、深灰、蓝、绿、棕色、橙色、橘红色、红色等多种颜色。

欧泊的色斑特点（彩6-5）为其主要鉴别特征，放大检查可呈现不规则的薄片，沿着同一个方向具有纤维状或条纹状结构，并具丝绢状外观。

欧泊的折射率较低，为1.37～1.47，一般点测法为1.45。

欧泊密度较低，用静水力学法测得其相对密度为2.15。

在长、短波紫外线下，黑欧泊呈现中等—强的灰蓝、绿或黄色荧光；白欧泊呈现淡蓝或淡绿色荧光。

不同产地及品种的欧泊各有其识别特征，见表6-2。

表6-2　欧泊产地及品种特征一览表

品种	外观特征	主要产地
白欧泊	体色为乳白、灰白、淡灰黄色；透明至不透明；变彩多为三彩，个别为五彩。	澳大利亚、埃塞俄比亚
黑欧泊	体色为黑色、深灰、深蓝、深绿和褐色；强烈变彩；不透明；常为五色或七色彩片。	澳大利亚、墨西哥

品种	外观特征	主要产地
火欧泊	透明至半透明；多为单彩或三彩；体色为红、橘红至橘黄色，变彩不明显	墨西哥、美国
晶质欧泊	本体无色；个别呈现灵活的变彩；透明或近透明	澳大利亚、埃塞俄比亚、墨西哥
砾石欧泊	欧泊夹杂围岩或欧泊呈脉状穿插于围岩之中	澳大利亚
化石欧泊	欧泊交代贝壳等生物化石	澳大利亚
欧泊猫眼	欧泊表面可见眼线，欧泊猫眼十分罕见	澳大利亚、墨西哥

二、欧泊与相似宝石的鉴别

自然界中，与欧泊相似的宝石有具有晕彩效应的拉长石和具有彩虹现象的火玛瑙，通常可以从折射率、相对密度和包裹体特征对其进行区分（见表6-3）。

表6-3　欧泊与相似宝石的鉴别特征一览表

名称	折射率	相对密度	光学效应	其他
欧泊	1.45	2.15	变彩现象，在不同角度颜色发生变化，并具立体感	贝壳状断口；体色丰富，有黑、白和橙色等
拉长石	1.56	2.70	变彩现象，在不同角度从一光谱色变为另一光谱色，并非是单一的彩色晕彩	良好的解理，断面平整
火玛瑙	1.54	2.60	彩虹现象	体色总呈棕色；紫外荧光呈淡绿褐色

火玛瑙（见彩6-10）和拉长石（见彩6-14）的折射率与相对密度都高于天然欧泊。欧泊内可有两相和三相的气液包裹体，可含有石英、萤石、石墨、黄铁矿等矿物包裹体，墨西哥欧泊中含有针状的角闪石；而拉长石有较发育的解理，并常见板条状或针状黑色金属包裹体。

三、合成及优化、处理欧泊的鉴别

优质的欧泊产量相对较少而价值较高，为了满足日益增长的市场需求，合成欧泊及优化、处理欧泊逐渐在市场上出现了，其鉴别特征见表6-4。

表6-4　欧泊与合成欧泊、优化处理欧泊及拼合欧泊的鉴别特征

名称	外观特征	放大检查	其他
欧泊	"针状火焰"变彩灵活,颜色变化可上下、左右移动,富有立体感	彩片多呈纺锤状,并向两头变细	吸水性较强;有荧光和磷光
合成欧泊	变彩仅限于平面上左右移动,且彩片多呈三角形,向三个方向扩展	彩片具六边形蜂窝状、蛇皮或类似鱼鳞片状结构	吸水性强;紫外荧光极弱,无磷光
染色欧泊	变彩不自然	彩片空隙有黑色沉淀;灰色或云状白色彩片间隙可见极似尘埃的黑点	硬度低;折射率低,仅为1.38
注塑欧泊	比天然黑欧泊透明	黑色集中,呈束状或弥漫状,似透明宝石中的包裹体	相对密度较低,为1.99
拼合欧泊	色彩在同一平面上并有夹在中间之感	透明顶部和胶接面隐约可见气泡;色层绕腰线一圈且无色彩变化	可用细针探查接缝处硬度低的胶

1. 合成欧泊

目前市面上与天然欧泊最为相似的合成欧泊(见彩6-4),是通过化学沉淀法制造出来的,通常可以合成白欧泊、黑欧泊和火欧泊。

合成欧泊与天然欧泊外观十分相似,但放大观察可见合成欧泊的色斑通常呈柱状排列,具有三维形态。从特定角度观察合成欧泊的色斑边界往往呈棱角分明的锯齿状结构,类似蜥蜴皮、蛇皮或蜂窝状的结构(见彩6-5)。

另外,在紫外光下天然欧泊可有荧光或有磷光,而合成欧泊荧光极弱并无磷光。合成欧泊与天然欧泊也可以通过红外光谱的不同进行鉴别。

2. 染黑欧泊

黑欧泊相对名贵且产量较少,一些品质较差的欧泊可通过糖酸浸泡、烟处理和注塑等方法进行处理,达到加深体色的效果来模仿黑欧泊。

(1)糖酸处理　糖酸处理是将欧泊放在热糖溶液中浸泡一段时间后冷却擦净,然后放入热浓硫酸中浸泡再冷却冲洗,最后在碳酸盐溶液中快速漂洗并冲洗干净,使糖中的氢和氧被去掉,将碳留在欧泊裂纹和孔隙中,从而产生暗色背景色的处理方法。

经糖酸处理的欧泊经放大观察,色斑呈破碎的小块并局限在欧泊的表面,可见小黑点状染剂在彩片或球粒的空隙中聚集(见彩6-21)。

(2)烟处理　烟处理是用纸把欧泊裹好加热至纸冒烟为止,从而产生黑色背景色的处理方法,但黑色仅限于表面。

烟处理的欧泊多孔，密度较低，其相对密度仅为1.38～1.39，用针头触碰，表面可有黑色物质剥落，有黏感。

（3）注塑处理　注塑处理是在欧泊里注入塑料以掩盖裂隙并使其呈现暗色背景的处理方法。

注塑处理的欧泊相对密度约为1.90，可见黑色集中的小块，且透明度高于大多数未经处理的欧泊，并在红外光谱中显示有机质引起的吸收峰。

3. 拼合欧泊

欧泊主要呈细脉状或薄片状产出，有些太薄不能单独琢磨成宝石应用者，通常会对其采用拼合的方式进行处理。例如，将薄片状欧泊用胶黏合在玉髓、玛瑙片或劣质欧泊薄片上，称为欧泊双层石（见彩6-17）；也可在双层拼合石顶部加上一层透明石英或玻璃顶帽来增加欧泊的耐久性，称为欧泊三层石（见彩6-18）。

放大观察拼合欧泊，可见其侧面的拼合缝，并且在拼合面上可见扁平状或球状气泡。

四、欧泊仿制品的鉴定

市面上常见的欧泊仿制品有玻璃仿欧泊（见彩6-3）和塑料仿欧泊（见彩6-20）等，其外表上虽与欧泊相似均有变彩效应，但变彩不自然，放大观察不存在欧泊的特征结构及天然包裹体。

另外，欧泊的折射率、密度等均与玻璃仿欧泊和塑料仿欧泊不同。玻璃仿欧泊的折射率和密度均大于欧泊；塑料仿欧泊的折射率大于欧泊而密度小于欧泊，且由于导热性差而手感温热。欧泊与仿制品可根据表6-5进行鉴别。

表6-5　欧泊仿制品鉴别一览表

名　称	外观特征	折射率	相对密度	结构特征	其他
欧泊	变彩灵动，颜色变化富有立体感；变彩发生在表面	1.45	2.15	二维色斑，边界过渡自然	内部可见两相或三相气液包裹体
塑料欧泊	表面光洁，变彩呆板，具较为规则并且大小较为一致的镶嵌图案	1.48	1.21	缺少欧泊的典型结构并可见气泡	偏光镜下异常消光；长波紫外光下为强淡蓝色，短波下较弱
玻璃欧泊	表面光洁，光泽较强，变彩发生在玻璃体内部，色斑规则，多为规则的金属彩片	1.51	2.47	缺少欧泊色斑的典型特征，可见气泡及流纹状构造	长、短波紫外光下均呈惰性

第七章

碧 玺

❧❦ 第一节　碧玺的特征 ❧❦

一、碧玺的基本性质

　　碧玺为含铝、镁、铁的硼硅酸盐，化学成分非常复杂，因而造就了它丰富多彩的颜色，在市场上深受消费者的青睐。碧玺的基本性质见表7-1。

表7-1　碧玺的基本性质一览表

矿物组成	电气石
化学成分	（Na, K, Ca）（Al, Fe, Li, Mg, Mn）$_3$（Al, Cr, Fe, V）$_6$（BO$_3$）$_3$（Si$_6$O$_{18}$）（OH, F）$_4$
结晶状态	晶质体——三方晶系
颜色	无色、红色、绿色、蓝色、黄色、紫色、黑色等；同一晶体上可呈双色或多色
光泽	玻璃光泽
透明度	透明至不透明
光性特征	非均质体——一轴晶，负光性
折射率	1.624～1.644；双折射率：0.018～0.040
相对密度	3.06
莫氏硬度	7～8
多色性	中至强的二色性，深浅不同的体色
吸收光谱	红、粉红色者：绿区宽吸收带，可见525nm窄带，451nm、458nm吸收线；绿、蓝色者：红区普遍吸收，498nm强吸收带，蓝区可有468nm吸收线

矿物组成	电气石
紫外荧光	惰性；粉红、红色者可呈弱红至紫色
特殊光学效应	猫眼效应；变色效应（少见）
其他	热电性；压电性

二、碧玺的种类

碧玺是颜色非常丰富的彩色宝石品种，同时，某些碧玺还具有特殊光学效应，因此可以按照其颜色及特殊光学效应划分其品种。

1. 红碧玺

红碧玺为粉红至红色碧玺的总称，包括紫红、玫瑰红、红、桃红、粉红色等，其颜色源于内部所含的锰离子（Mn^{2+}）。某些红碧玺颜色与红宝石的颜色相近，商业上称其为"rabellite"（见彩7-1）。

2. 绿碧玺

绿色碧玺（见彩7-2～彩7-4）在碧玺中较为常见，包括浅绿到深绿、黄绿或棕绿，其中的翠绿色含铬碧玺在欧洲和巴西曾被误认为祖母绿，在巴西和马达加斯加均有产出。

3. 蓝碧玺

纯蓝色的碧玺非常稀有，常见深紫蓝或绿蓝色，偶见浅蓝到浅绿蓝色。非常有名的是产自巴西帕拉伊巴的蓝色碧玺，高浓度的铜元素使得宝石具有十分罕见耀眼的霓红绿蓝色调，即商业上说的"土耳其蓝"的帕拉伊巴碧玺。目前莫桑比克也有类似的"帕拉伊巴"碧玺产出（见彩7-5和彩7-6）。

4. 黄碧玺与橙碧玺

纯黄或橙色的碧玺很难见到。不同深浅的黄棕或棕黄色碧玺很受欢迎，矿物学家有时称棕色者为镁电气石。

5. 紫碧玺

紫碧玺（见彩7-7）颜色鲜艳，透明度较高，非常稀少。

珠/宝/鉴/定

6. 白色或无色碧玺

有时称白碧玺（achroite，希腊文"白的"的意思），无色透明，可具猫眼效应（见彩7-8）。

7. 黑碧玺

黑碧玺（见彩7-9）因为其透明度较低，多用作矿物晶体观赏石。

8. 多色碧玺

多色碧玺是指一个晶体上有两种或两种以上的颜色，或上下不同，或内外有别，其中内红外绿者称为"西瓜碧玺"（见彩7-10～彩7-12）。

9. 碧玺猫眼

当碧玺中含有一组密集平行排列的纤维状、管状包裹体，并磨制成弧面型宝石时，便可显示猫眼效应，称为碧玺猫眼（见彩7-13）。常见的碧玺猫眼为绿色，少数为蓝色、红色。

10. 变色碧玺

具变色效应的碧玺较为罕见，通常日光下为黄绿色、绿黄色，白炽灯下呈棕黄色、土黄色（见彩7-14）。

❧❦ 第二节　碧玺的鉴定 ❧❦

一、碧玺的鉴定特征

人们对碧玺的印象多是切磨好的规则的几何外形，其晶体形态也同样美丽。一般情形下，碧玺晶体呈长柱状，柱面有纵纹，晶体的横断面呈弧面三角形（见彩7-15）。

切磨好的碧玺成品通常可以从颜色、多色性、内部包裹体、重影及热电性等方面来进行鉴别。

1. 颜色

由于碧玺的颜色多夹杂其他色调，非常有特点，所以颜色是鉴定碧玺的重要依据，经验丰富的人很容易识别。

颜色均匀的碧玺少见，部分碧玺可见色带（上、下端，上、中、下区段颜色不同）或色环（内、外部颜色各不相同）。

2. 多色性

碧玺的二色性极强，用肉眼从不同方向观察，就能看到不同的色调。

3. 包裹体

放大观察，碧玺内部常见充满液体的扁状、不规则管状包裹体、平行长轴的裂纹及被气体充填的管状裂隙；碧玺猫眼内部可见密集的平行纤维管状包裹体。

4. 重影

由于碧玺的双折射率较大，因此有重影现象。利用10倍放大镜观察刻面型碧玺，其后刻面棱线会出现明显重影。

5. 热电性

碧玺具有明显的热电性，因此将碧玺在细绒布上轻轻摩擦几下或在阳光下晒一会儿，即可吸引灰尘和细小纸屑。

二、碧玺与相似宝石的鉴别

自然界中有众多不同色系的彩色宝石与碧玺相似。红碧玺、蓝碧玺和绿碧玺在自然界中最为常见，可依据红、蓝、绿三个主要色系宝石的特点，从折射率、相对密度、多色性、包裹体等方面的特征将碧玺与其他相似宝石区分开来。其他色系的碧玺品种可参照相同的方法与其相似的宝石品种进行鉴别。

1. 红碧玺与相似宝石的鉴别

与红碧玺相似的宝石有红宝石、红锆石、红尖晶石、镁铝榴石、铁铝榴石、锰铝榴石等（见表3-5）。可利用偏光镜将这些相似宝石分为两类：红宝石、红锆石为非均质体宝石（四明四暗），其余红色宝石均为均质体宝石（全暗）。

（1）与红宝石、红锆石的区别　红宝石、红锆石与红碧玺虽然颜色相近，但因其他性质不同较容易区分。

红宝石折射率（1.762～1.770）、相对密度（4.00）均高于碧玺；红宝石内部含有较多的绢丝状金红石包裹体、弥漫状或指纹状气液包裹体等不同于碧玺；且具有特征的铬吸收光谱与碧玺的锰吸收光谱不同。

红锆石的折射率（1.925～1.984）、相对密度（4.60～4.80）和色散值（0.038）远高于碧玺，因而光泽与火彩较强；红色锆石内部多含愈合裂隙及矿物包裹体；在紫外荧光灯下呈黄或橘红色荧光，与红碧玺的弱红至紫色荧光不同。值得注意的是，红锆石因具有纸蚀现象，其棱线磨损较严重。

（2）与红尖晶石、镁铝榴石、铁铝榴石、锰铝榴石的区别　与红碧玺不同，红尖晶石、镁铝榴石、铁铝榴石、锰铝榴石四者均为均质体宝石，无多色性；且四者的折射率、相对密度均高于碧玺。放大观察，尖晶石内部含有面状分布或串珠状分布或单个分布的尖晶石小晶体，石榴石内部常见针状金红石及固态包裹体，可见不规则羽毛状气液包裹体，而碧玺多含长管状气液包裹体。

2. 蓝碧玺与相似宝石的鉴别

与蓝碧玺相似的宝石有蓝宝石、蓝锥矿、磷灰石、堇青石（见彩9-3）和萤石等，其中萤石为均质体宝石，其他宝石均为非均质体宝石，鉴别并不困难。

（1）与蓝萤石的区别　蓝萤石常呈灰蓝、绿蓝、浅蓝，且表面深，中心浅。萤石为均质体，因而在偏光镜下呈全暗，且无多色性，无刻面棱重影现象，这样即可区分二者。同时萤石的折射率（1.434）、莫氏硬度（4）均低于碧玺，因而其光泽弱，棱线易磨损。

（2）与蓝宝石、蓝锥矿、蓝磷灰石、堇青石的区别　蓝色蓝宝石常有平直色带，折射率、相对密度高于蓝碧玺。

蓝锥矿颜色多为蓝、紫蓝，颜色不均匀且常见色带。蓝锥矿的折射率（1.757～1.804）、相对密度（3.68）、色散值（0.044）较高，具有强火彩。短波紫外光下，蓝锥矿发亮蓝白色荧光，有别于蓝碧玺的惰性荧光现象。

堇青石具有强的三色性（紫蓝-淡黄-无色），与蓝碧玺中至强的二色性（浅蓝-深蓝）不同。堇青石的折射率（1.542～1.551）及相对密度（2.61）均低于碧玺，易区分。

蓝磷灰石的折射率（1.634～1.638）虽与碧玺的重叠，但双折射率（0.002～0.008）较低，后刻面棱线重影现象不明显；且磷灰石的相对密度（3.18）稍高于碧玺。此外，蓝磷灰石具强二色性（蓝-黄至无色），表面较易磨损（莫氏硬度5），在长短波紫外荧光灯下呈蓝色至浅蓝色荧光。

3. 绿碧玺与相似宝石的鉴别

与绿碧玺相似的宝石主要有祖母绿、橄榄石、翠榴石（见彩8-4）等。

翠榴石为均质体，利用偏光镜即可区分。翠榴石的折射率（1.855～1.895）、相对密度（3.84）和色散值（0.057）均明显高于碧玺，其光泽、火彩较强；且翠榴石具有特征的马尾丝状包裹体与绿碧玺的细长而不规则的丝状、"撕裂状"气液包裹体不同。

祖母绿的折射率（1.577～1.583）、双折射率（0.005～0.009）和相对密度（2.72）均低于碧玺；且祖母绿通常内部瑕疵多，可见裂隙及特征的三相或两相包裹体。

橄榄石的折射率（1.654～1.690）、双折射率（0.035～0.038）和相对密度（3.34）均高于碧玺，后刻面棱线重影强于碧玺，弱的三色性不同于碧玺，特征的铁吸收光谱（453nm、477nm、497nm强吸收带）有别于绿碧玺的吸收光谱（红区普遍吸收，498nm强吸收带），内部"睡莲叶"状包裹体也不同于碧玺。

三、优化、处理碧玺的鉴别

近年来，碧玺作为一种人气很高的彩色宝石，在市场上呈上升趋势。然而，碧玺往往颜色欠佳或内部发育较多的裂隙，致使外观以及耐久性受到影响，因此人们常会对此类碧玺进行优化、处理，其方法主要有浸油、充填处理、辐照处理、镀膜处理等。

1. 浸无色油

一些碧玺内部往往存在大量裂隙，影响美观，为了提高其透明度，因而常常将其浸无色油，浸油的多少取决于碧玺裂隙的发育程度。轻度浸油者可归为优化，但中度和重度浸油者则属于处理。

中至重度浸油的碧玺耐久性差，放大观察可见到达表面的裂隙中呈无色或者淡黄色的闪光，可见干涉色。在长波紫外光下，无色的油可呈黄绿色荧光。

2. 充填处理

裂隙发育的碧玺在加工时成品率较低，因而在加工之前往往经过充填处理，修复与填补其裂隙，在一定程度上改善了净度与透明度。

中低档碧玺主要采用有机物作为充填物进行处理。放大观察可以看到碧玺表面的光泽差异，到达表面的裂隙处有蓝色"闪光效应"；或者可以看到残余扁平状气泡、充填物的流动构造及其碎渣状等。通过红外光谱等大型仪器也可对充填处理的碧玺进行鉴别。

目前市场上还出现了铅玻璃充填碧玺饰品，与传统的有机物充填（见彩7-16）处理方法相比，其充填特征不太明显，需用大型仪器进行进一步检测。

3. 辐照处理

辐照处理主要是对无色或色淡、多色的碧玺运用高能辐射源进行辐照的处理方法。碧玺经辐照处理可以得到不同的颜色，如将浅粉红色碧玺变成红、深红色；浅绿色碧玺变成粉红、红、深红色；双色碧玺变成红绿、红紫色；无色碧玺变成粉红、红、深红色等。

对于辐照改色处理的碧玺，主要从颜色过于鲜艳均匀及内部包裹体有加热膨胀等特征进行识别，对于无包裹体者可通过大型仪器测定其辐照损伤色心来确定。

4. 镀膜处理

无色或近无色的碧玺，经镀膜处理后可以形成各种颜色。镀膜碧玺（见彩7-17）的颜色鲜艳，光泽大大增强，可达亚金属光泽，并且其折射率变化范围较大。

镀膜碧玺表面光泽异常，膜层可有脱落现象，用小刀能刻划出划痕，且不能承受过高的温度。

第八章
石 榴 石

第一节　石榴石的特征

石榴石是岛状硅酸盐矿物，由于广泛的类质同象替代存在，每一种石榴石的化学成分都有较大变化，因而对其宝石学性质产生不同的影响。

一、石榴石的基本性质

不同种类的石榴石因其成分不同，颜色多样（见彩8-1），基本性质（见表8-1）也有所差异。

表8-1　石榴石基本性质一览表

矿物组成	石榴石
化学成分	铝质系列：$Mg_3Al_2（SiO_4）_3$—$Fe_3Al_2（SiO_4）_3$—$Mn_3Al_2（SiO_4）_3$ 钙质系列：$Ca_3Al_2（SiO_4）_3$—$Ca_3Fe_2（SiO_4）_3$—$Ca_3Cr_2（SiO_4）_3$
结晶状态	晶质体——等轴晶系
颜色	除蓝色之外的各种颜色
光泽	玻璃光泽至亚金刚光泽
透明度	透明至半透明
光性特征	均质体，常见异常消光
折射率	$1.710 \sim 1.888$
相对密度	$3.50 \sim 4.30$
莫氏硬度	$7 \sim 8$
紫外荧光	惰性；近无色、黄色、浅绿色钙铝榴石可呈弱橘黄色
特殊光学效应	星光效应；变色效应少见

二、石榴石种类

石榴石化学组分较为复杂，根据所含元素不同划分为铝质和钙质两大类质同象系列，共6个品种：

铝系列：镁铝榴石 $Mg_3Al_2(SiO_4)_3$

铁铝榴石 $Fe_3Al_2(SiO_4)_3$

锰铝榴石 $Mn_3Al_2(SiO_4)_3$

钙系列：钙铝榴石 $Ca_3Al_2(SiO_4)_3$

钙铁榴石 $Ca_3Fe_2(SiO_4)_3$

钙铬榴石 $Ca_3Cr_2(SiO_4)_3$

通常，铝系列的石榴石主要呈红色调，钙系列的石榴石主要呈绿色调。

1. 镁铝榴石

镁铝榴石（见彩8-2）的英文名称为pyrope，来源于希腊语"phyropos"，意思是"火一般的"或"像火一样"。优质镁铝榴石常带紫色调。由于许多镁铝榴石与暗红色红宝石相似，而被称为"colo-raclo红宝石""好望角红宝石""亚利桑那红宝石"等。

2. 铁铝榴石

铁铝榴石（见彩8-2）的英文名称为almandine，来自拉丁语"alabandine"，是由古罗马著名学者普林尼命名的。铁铝榴石又称"贵榴石"，常呈褐红、暗红或深红色。

3. 锰铝榴石

锰铝榴石（见彩8-2）的英文名称为spessartite，来源于首次发现地——德国施佩萨特（Spessart Bavaria）。锰铝榴石常呈橘红或橘黄色。

4. 钙铝榴石

钙铝榴石的英文名称为grossularite，来自拉丁语"resembling a gooseberry"，意思是"绿色的水果"。据考证，钙铝榴石早在16世纪就有文字记载，但到1974年后才被普遍使用。钙铝榴石的基本色调为黄绿色，其中透明的翠绿色变种，称为铬钒钙铝榴石，亦称"察沃石或沙弗莱石（tsavorite）"（见彩8-3）；而透明的褐黄色变种，称为桂榴石。

5. 钙铁榴石

钙铁榴石的英文名称为andradite，是为纪念巴西的矿物学家

J.B.d'Andradae Silva而命名。钙铁榴石颜色以黄、绿、褐、黑为主，其中含钛呈黑色者称为黑榴石（melanite）；黄色者称为黄榴石（topazolite）；含铬元素的绿色者称翠榴石（demantoid）。见彩8-4。

6. 钙铬榴石

钙铬榴石的英文名称为uvarovite，是为纪念俄国著名科学家乌瓦洛夫（S.S.Uvarrov）伯爵，依其名字命名的。钙铬榴石呈翠绿色，美丽而稀少。在俄罗斯乌拉尔、芬兰以及中国西藏东部均有钙铬榴石产出，但透明的钙铬榴石晶体常常小于3mm，因此市场上极少见钙铬榴石加工成的首饰饰品。见彩8-5。

三、石榴石的特殊光学效应

有些石榴石会因成分或结构的因素而具特殊光学效应，形成星光石榴石和变色石榴石。

1. 星光石榴石

石榴石中星光效应稀少，当铁铝榴石中含有两组或两组以上密集平行排列的针状包裹体（见彩8-6），并平行包裹体切磨成弧面型宝石时，可见四射星光（见彩8-7）或六射星光，称为星光贵榴石。部分星光贵榴石还可在同一颗宝石上同时出现四射和六射星光。星光贵榴石主要的产地为印度、美国爱达荷州等。

2. 变色石榴石

变色石榴石（见彩8-8）是指具有变色效应的石榴石，为富含镁的锰铝榴石。变色效应是由微量的V元素和Cr元素引起的。变色石榴石在日光下呈蓝绿色或黄绿色，白炽灯下呈紫红色或橘红色，属名贵品种，主要产于东非。

❧❧❧ 第二节　石榴石的鉴定 ❧❧❧

一、石榴石的鉴定特征

虽然石榴石颜色丰富，但市场上红色系列的石榴石较多，常略带褐色调，绿色系列石榴石相对红色石榴石较为稀少。

石榴石通常为玻璃光泽至亚金刚光泽，透明至半透明，莫氏硬度7～8。

放大观察，石榴石内部一般会出现不同程度的包裹体、裂隙，同时某些石榴石品种内部还含有特征的包裹体，如俄罗斯的翠榴石中含有马尾状包裹体（见彩8-11）。除顶级石榴石外，很少见内部非常干净的石榴石，而仿石榴石（如玻璃等）内部洁净或含有气泡等包裹体，并且玻璃表面常有凹坑，棱线上多有粗糙的断口。

二、石榴石与相似宝石的鉴别

虽然石榴石颜色多样，但最具宝石价值的品种主要为红色系列和绿色系列，并且不同颜色的石榴石其相似宝石也各不相同。

1. 红色系列石榴石与相似宝石的鉴别

与红色系列石榴石相似的宝石有红宝石、红尖晶石、红锆石、红碧玺等。主要鉴别手段除了常规的折射率、相对密度、吸收光谱等特征外，通过光性、紫外荧光、多色性、包裹体等特征也可以有效地将这些相似宝石区别开来（见表8-2和彩8-2）。

表8-2　红色石榴石与相似宝石鉴别特征一览表

宝石名称	颜色	光性特征	多色性	紫外荧光		折射率	相对密度
铁铝榴石	褐红至暗红	均质体	无	惰性		1.790	4.05
镁铝榴石	橘红至红	均质体	无	惰性		1.740	3.78
锰铝榴石	橙至橘红	均质体	无	惰性		1.810	4.15
红宝石	红、橘红、紫红、褐红	非均质体	强二色性：红－橘红或红－紫红	长波：弱至强，红；短波：无至中，红		1.762～1.770	4.00
红尖晶石	红、橘红、粉红	均质体	无	长波：弱至强红；短波：无至弱红		1.718	3.60
红锆石	红、褐红、橘红	非均质体	中等二色性：紫红－紫褐	长、短波：无至强，黄、橙		1.925～1.984	4.73
红碧玺	粉红、红	非均质体	强二色性：红－粉红	长、短波：弱，红至紫		1.624～1.644	3.06

（1）与红宝石的鉴别　虽然两者颜色相近，但石榴石为均质体而红宝石为非均质体，使用偏光镜即可将两者区分开；并且石榴石在紫外荧光灯下无荧

光，而红宝石在紫外荧光灯下呈红色荧光；同时，红宝石具有较强的二色性：红-紫红或红-橘红，石榴石无多色性。

（2）与红尖晶石的鉴别　石榴石与尖晶石同为均质体，但尖晶石在紫外荧光下显示红色，红色石榴石无荧光。

（3）与红锆石的鉴别　红锆石在紫外荧光下呈无至强的黄或橘红色荧光，其二色性为明显的紫红-紫褐色。需要注意的是红色刻面琢型锆石在放大镜下可以明显观察到后刻面棱线重影，与石榴石不同。

（4）与红碧玺的区别　红碧玺最特征的是其较强的二色性，为红-黄红或红-粉红，若是刻面琢型则可在放大镜下观察到后刻面棱线重影，在紫外荧光灯下显示弱的红至紫色荧光。

2. 绿色系列石榴石与相似宝石的鉴别

与绿色系列石榴石相似的宝石主要有铬透辉石、祖母绿、绿碧玺、橄榄石、磷灰石、锂辉石、萤石、翡翠以及绿色合成立方氧化锆等（见彩8-9和彩8-10），可根据色调、光性、折射率、相对密度、多色性、荧光、包裹体等特征加以区别（见表8-3和彩8-11）。

（1）与铬透辉石的鉴别　与石榴石不同，铬透辉石为非均质体，具有浅绿-深绿色的二色性，同时在长波紫外光下显示绿色荧光，短波紫外光下呈惰性。

（2）与祖母绿的鉴别　祖母绿为非均质体，具有绿-黄绿色的二色性，其荧光一般呈惰性，可有短波弱于长波的弱橘红或红色荧光，依产地而不同。

（3）与绿碧玺的鉴别　碧玺为非均质体，刻面琢型的碧玺放大观察可见后刻面棱线重影，并具有较强的二色性为绿-深褐绿色，紫外灯下无荧光。

（4）与橄榄石的鉴别　橄榄石的颜色较为特征常见黄绿色调，放大检查可见后刻面棱重影并具有特征的"睡莲叶"状包裹体（见彩9-8），其二色性为绿-黄绿色，紫外灯下无荧光。

（5）与绿色磷灰石的鉴别　磷灰石为非均质体，黄绿色色浅，折射率与相对密度均低于绿色石榴石，并具有较弱的三色性和长波紫外灯下绿黄色荧光。

（6）与绿色锂辉石的鉴别　锂辉石为非均质体，折射率与相对密度均低于绿色石榴石，并具有较强的三色性为深绿-蓝绿-淡黄绿色，紫外灯下无荧光，放大检查有液态包裹体。

表8-3 绿色石榴石与相似宝石鉴别特征

宝石名称	颜色	多色性	折射率	相对密度	紫外荧光	吸收光谱
钙铁榴石（翠榴石）	绿、黄绿、褐绿	无	1.888	3.84	惰性	440nm 吸收带，618nm、634nm、685nm、690nm 吸收线
钙铝榴石	黄绿、褐黑	无	1.73 ～ 1.75	3.61	长、短波：弱橘黄	478nm 以下全吸收
钙铬榴石	翠绿	无	1.86 ～ 1.87	3.77	惰性	Cr 特征吸收
铬透辉石	浅至深绿	明显二色性：浅绿－深绿	1.675 ～ 1.701	3.29	长波：绿；短波：惰性	635nm、655nm、670nm 吸收线 690nm 双吸收线
祖母绿	浅至深绿、蓝绿、黄绿	中等二色性：绿－黄绿	1.577 ～ 1.583	2.72	长波：弱，橘红、红；短波：极弱，橘红、红	683nm、680nm 强吸收线，662nm、646nm 弱吸收线，630 ～ 580nm 部分吸收带，紫光区全吸收
碧玺	各种色调绿色，可呈双色或多色	强二色性：绿－深褐绿	1.624 ～ 1.644	3.06	惰性	红区普遍吸收，498nm 强吸收带
橄榄石	黄绿、绿、褐绿	中等二色性：绿－黄绿	1.654 ～ 1.690	3.34	惰性	453nm，477nm，497nm 强吸收带
磷灰石	浅黄绿色	弱三色性	1.634 ～ 1.638	3.18	长波：绿黄	450nm 吸收带和 470 ～ 615nm 之间 9 条吸收线
锂辉石	浅绿—深绿色	强三色性：深绿－蓝绿－淡黄绿	1.660 ～ 1.676	3.18	惰性	620nm 宽吸收带和646nm、669nm、686nm 强吸收线
萤石	浅绿—深绿色	无	1.437	3.18	强荧光，可有磷光	400nm、700nm 附近宽弱吸收带和440nm、480nm、600nm、630nm、650nm 窄弱吸收带

（7）与绿色萤石的鉴别　萤石为均质体，折射率与相对密度均低于绿色石榴石，莫氏硬度（4）非常低，有色带，可有两相或三相包裹体，解理纹呈三角形，并可有磷光。

（8）与绿色翡翠的鉴别　翡翠为集合体，可根据其偏光镜下全亮的特征，折射率与相对密度的不同进行鉴别。

（9）与绿色合成立方氧化锆的鉴别　合成立方氧化锆为均质体，折射率（2.150或2.180）与相对密度（5.8 ～ 6.1）均高于绿色石榴石，内部干净。

第九章
坦桑石、橄榄石、月光石

第一节　坦桑石的鉴定

一、坦桑石的基本性质

坦桑石是宝石级的黝帘石，是一种钙、铝的硅酸盐，其基本性质见表9-1。由于天然黝帘石颜色较杂，故需要对其进行优化处理。一般将黝帘石加热，使钒的化合价由三价变为四价，加热后便可成为带紫色调的靛蓝色的坦桑石。

表9-1　坦桑石基本性质一览表

矿物组成	黝帘石（zoisite）
化学成分	$Ca_2Al_3(SiO_4)_3(OH)$，可含有 V、Cr、Mn 等元素
结晶状态	晶质体——斜方晶系
颜色	常见带褐色调的绿蓝色，热处理后，呈蓝色、蓝紫色
光泽	玻璃光泽
透明度	透明
光性特征	非均质体——二轴晶，正光性
色散值	0.021
多色性	强三色性：蓝－紫红－绿黄
折射率	1.691～1.700；双折射率：0.008～0.013
相对密度	3.35
莫氏硬度	6～7
紫外荧光	惰性
吸收光谱	295nm 和 528nm 吸收带

二、坦桑石的鉴定特征

坦桑石最典型的特征便是具有靛蓝美丽的颜色，鲜艳均匀，见不到色带或生长纹，并且在日光或白色光源下呈靛蓝色，在黄色光源下会明显地泛出紫色调。

坦桑石（见彩9-1和彩9-2）具有玻璃光泽，并且相对密度适中，掂重感觉中等。

坦桑石的内部较为纯净通透，鲜有明显瑕疵和包裹体，即使为体积较大的晶体，也能保持有较高的净度和透明度。

坦桑石具有很强的三色性，三个方向的颜色分别为蓝色、紫红色和绿黄色，易于观察。

三、坦桑石与相似宝石的鉴别

与坦桑石相似的宝石主要有蓝宝石、堇青石、蓝尖晶石、蓝碧玺、蓝锥矿、蓝锆石等（见彩9-3），可依据其各自特征的宝石学性质进行鉴别。

1. 与蓝宝石的鉴别

蓝宝石的相对密度为4，较坦桑石的相对密度（3.35）大。因此同等体积下，蓝宝石手掂较重。

蓝宝石的折射率为1.762～1.770，相对高于坦桑石（1.691～1.700），因此切工良好的蓝宝石呈强玻璃光泽强于坦桑石的玻璃光泽。

蓝宝石的莫氏硬度为9，坦桑石的硬度为6～7，放大检查可发现蓝宝石刻面的棱线尖锐程度高于坦桑石。

蓝宝石具有明显的二色性（蓝-绿蓝或浅蓝-蓝），有别于坦桑石的强三色性（蓝-紫红-绿黄）。

2. 与堇青石的鉴别

坦桑石和堇青石均具有明显的三色性，但堇青石多色性的颜色不同：蓝色堇青石的三色性为无至黄-蓝灰-深紫；紫色堇青石的三色性为浅紫-深紫-黄褐。

堇青石的相对密度为2.61，低于坦桑石，同等体积情况下，坦桑石手掂感觉较重。

堇青石的折射率为1.542～1.551，明显低于坦桑石，所以堇青石的光泽略低于坦桑石，不如坦桑石明亮。

此外，堇青石的吸收光谱为426nm和645nm的弱吸收带与坦桑石的吸收光谱（595nm、528nm吸收带）不同。

3. 与蓝尖晶石的鉴别

蓝尖晶石的颜色均一，微带灰色调，与坦桑石的颜色有很大区别。

蓝尖晶石属于均质体，没有多色性，并且其内部有较多气液包裹体和八面体小尖晶石包裹体群，与坦桑石的内部特征也有很大区别。

4. 与蓝碧玺的鉴别

蓝碧玺与坦桑石的不同主要在于：颜色多带绿色调，有较多的裂纹和空管状气液包裹体；碧玺的折射率为1.624～1.644，小于坦桑石；此外，蓝碧玺的吸收光谱在红区普遍吸收，并在498nm有强吸收带，也有别于坦桑石。

5. 与蓝锥矿的鉴别

蓝锥矿在世界上的产量不大，粒度较小。蓝锥矿呈蓝到紫色，折射率为1.757～1.804，双折射率为0.047，均高于坦桑石。

蓝锥矿具有色散值为0.044的强色散，放大检查可见明显的后刻面棱线重影及色带，短波紫外线下可具强蓝白色荧光，可以区别于坦桑石。

6. 与蓝锆石的鉴别

经过加热处理的锆石呈鲜艳的蓝色、天蓝色或略带绿色调的浅蓝色，具有强二色性（无至棕黄-蓝），不同于坦桑石。

此外，锆石因具高折射率（1.925～1.984）、高色散（0.038）和双折射率（0.059）较大，而呈现较强的光泽和火彩，同时放大检查可见宝石后刻面棱线的重影（见彩9-4），可以与坦桑石区别。

第二节　橄榄石的鉴定

一、橄榄石的基本性质

橄榄石（见彩9-5～彩9-7）是常见单晶体宝石的一种，呈板状或短柱状，但完整晶体不常见，多为晶体碎块或磨圆的砾石。橄榄石以独特的草绿色深受人们喜爱，其宝石学基本性质见表9-2。

表9-2 橄榄石基本性质一览表

矿物组成	橄榄石
化学成分	$(Mg, Fe)_2[SiO_4]$
结晶状态	晶质体——斜方晶系
颜色	黄绿色、绿色、褐绿色
光泽	玻璃光泽，断口为亚玻璃光泽至玻璃光泽
透明度	透明
光性特征	非均质体——二轴晶、正/负光性
色散值	0.020
多色性	弱三色性：黄绿 – 浅黄绿 – 绿
折射率	1.654～1.690；双折射率：0.035～0.038
相对密度	3.34
莫氏硬度	6.5～7
紫外荧光	惰性
吸收光谱	453nm、477nm、497nm 吸收线

二、橄榄石的鉴定特征

在绿色宝石系列中，橄榄石通常呈透明或半透明，颜色单一，呈中到深的草绿色（略带黄色调的绿色），为特征的橄榄绿色，少量的有褐绿色，甚至绿褐色。

橄榄石抛光表面常为玻璃光泽，相对密度适中，掂重的感觉为中等。

用10倍放大镜放大观察时，通过台面可以观察到后刻面棱重影，同时也可以观察到橄榄石独有的睡莲叶状包裹体（见彩9-8）。

橄榄石的吸收光谱具有三个近似等距离的Fe吸收线，也可作为鉴定的特征判据。

三、橄榄石与相似宝石的鉴别

与橄榄石相似的宝石主要有祖母绿、金绿宝石、铬钒钙铝榴石、碧玺等，可根据其特征的宝石学性质进行鉴别（见表9-3）。

表9-3　橄榄石与相似宝石鉴别特征一览表

名 称	颜色	光性	折射率	相对密度	放大检查
橄榄石	黄绿，黄色成分较祖母绿中的多	非均质体	1.654～1.690	3.34	重影；睡莲状、深色矿物或气液包裹体；负晶
祖母绿	蓝绿、翠绿	非均质体	1.577～1.583	2.72	可含有固态、气液两相及气液固三相包裹体
金绿宝石	黄色成分较多，绿黄、金绿	非均质体	1.746～1.755	3.73	指纹状及丝状包裹体
铬钒钙铝榴石	黄绿、翠绿	均质体	1.740	3.61	热浪效应；短粗圆形棱柱状固体包裹体
碧 玺	黄绿、灰绿、蓝绿，宝石两端略带灰蓝色调	非均质体	1.624～1.644	3.06	重影不及橄榄石明显；包裹体较少；颜色不均匀
红柱石	黄绿色	非均质体	1.634～1.643	3.17	针状包裹体
透辉石	黄绿色	非均质体	1.675～1.701	3.29	重影；内部包裹体和裂隙较少；丝状气泡包裹体
蓝宝石	黄绿色	非均质体	1.762～1.778	4	平直色带；负晶；指纹状、雾状、丝状及矿物包裹体
榍 石	黄绿色	非均质体	1.900～2.034	3.52	重影较明显；指纹状包裹体；矿物包裹体；双晶
硼铝镁石	黄绿色	非均质体	1.668～1.707	3.48	可有针状、纤维状、负晶等多种包裹体

1. 与绿色碧玺的鉴别

橄榄石与绿色碧玺的主要区别在于绿色碧玺有强的二色性。碧玺用肉眼从样品的不同方向观察就可以观察到颜色的差异。其次，碧玺的双折射率（0.020）低于橄榄石的双折射率（0.036），在10倍放大镜下碧玺的后刻面棱线重影不及橄榄石明显。

2. 与祖母绿的鉴别

首先，橄榄石与祖母绿的颜色存在很大的差别，橄榄石颜色中的黄色成分较祖母绿中的多，因而橄榄石的绿色带有明显的黄色调。其次，祖母绿的折射率（1.577～1.583）、相对密度（2.72）、内部包裹体等的不同可以与橄榄石区别。橄榄石可观察到明显重影；其内部可有睡莲状包裹体。

3. 与绿色铬钒钙铝榴石的鉴别

橄榄石与绿色铬钒钙铝榴石的色调相似，其主要差别在于绿色铬钒钙铝榴石的折射率（1.74）、相对密度（3.61）明显高于橄榄石，并且铬钒钙铝榴石是均质体，看不到后刻面棱线重影。

4. 与金绿宝石的鉴别

首先，橄榄石与金绿宝石的颜色存在色调的差异，金绿宝石比橄榄石的黄色调更明显。其次，金绿宝石的光泽比橄榄石强。再者，金绿宝石放大观察不会看到后刻面棱线重影。

5. 与黄绿色红柱石的鉴别

除了折射率与相对密度的差异，由于多色性的缘故，黄绿色红柱石样品的两端往往能出现红色。

6. 与黄绿色透辉石的鉴别

黄绿色透辉石的三色性较橄榄石的三色性明显，且相对密度高于橄榄石。

7. 与黄绿色蓝宝石的鉴别

黄绿色蓝宝石的光泽强于橄榄石的光泽，但大多数颜色较橄榄石浅，颜色较深者往往不鲜艳，并且还有颜色不均匀现象。蓝宝石的二色性明显有别于橄榄石的弱三色性。

8. 与黄绿色榍石的鉴别

黄绿色榍石的亚金刚光泽强于橄榄石的玻璃光泽，但颜色较橄榄石浅，"火彩"较橄榄石的强。榍石的重影较橄榄石的明显。

9. 与黄绿色硼铝镁石的鉴别

肉眼观察硼铝镁石与橄榄石极相似，只是在颜色上硼铝镁石的褐黄色调较强些。硼铝镁石的吸收光谱与橄榄石不同，在蓝区有4条吸收线，比橄榄石多1条。

第三节　月光石的鉴定

一、月光石的基本性质

月光石属于长石类矿物，是由钾长石和钠长石两种矿物平行层状相互交生而形成的。正是由于月光石具有这种层状结构导致其对光产生散射、干涉等综合作用使得宝石表面产生一种浮光，恰似淡淡的月光。月光石的基本性质见表9-4。

表9-4　月光石基本性质一览表

矿物组成	正长石（钾长石、钠长石层状交互）
化学成分	$KAlSi_3O_8$、$NaAlSi_3O_8$
结晶状态	晶质体——单斜晶系
颜色	常见无色、白色，少见红棕色、浅黄及暗褐色，可见蓝色、无色或黄色等晕彩
光泽	玻璃光泽
透明度	透明至半透明
光性特征	非均质体——二轴晶，负光性
折射率	1.518～1.526；双折射率：0.005～0.008
相对密度	2.58
莫氏硬度	6
紫外荧光	长波：无至弱，蓝； 短波：弱，橘红
特殊光学效应	月光效应；猫眼效应（少见）；星光效应（罕见）

二、月光石的种类

月光石的分类没有一个定式，不同的人以其关注的视角不同而有着不同的分类方法。通常，以月光石的体色和晕彩分类者较多。即：根据月光石的体色可分为无色、白色、红棕色、绿色、暗褐色月光石等几类，其中红棕色少见，绿色、暗褐色罕见；按照月光石上晕彩的不同则可有白色、黄色、蓝色月光石之分（见彩9-9和彩9-10）。

此外，某些月光石表面在光源照射下呈现出一条明亮光带，该光带随宝石或光线的转动而移动，称为月光石猫眼（见彩9-11）。

三、月光石的鉴定特征

月光石常为无色至白色，少量为红棕色、浅黄色、暗褐色，并具有标识性的月光效应，其蓝色、黄色或白色等晕彩浮于宝石表面，并随光源、宝石的相

珠/宝/鉴/定

122

对移动而变化。某些月光石具有两组完全解理，明显可见其内部平行的解理纹，断口呈阶梯状。

四、月光石与相似宝石的鉴别

与月光石相似的宝石主要有晕彩拉长石、玉髓、石英猫眼等。

对月光石进行放大观察可看到明显解理、"蜈蚣状"包裹体（见彩9-12）、指纹状包裹体和针点状包裹体等，具有猫眼效应的月光石内部存在一组密集平行排列的针状包裹体，这些特征使得月光石比较容易进行鉴别。

1. 月光石与晕彩拉长石的鉴别

月光石、晕彩拉长石均为长石族矿物，二者都是由两种不同的长石层交互构成的，结构相似，都有晕彩效应，但它们的晕彩并不相同：月光石的晕彩属于浮光，常呈单色（蓝色、白色、黄色），少数为双色（白色与蓝色混合、白色与黄色混合）；拉长石多呈鲜艳的蓝色、绿色、黄色以及橙色、金黄色、紫色和红色等晕彩，曾被称为"光谱石"。

月光石与晕彩拉长石的成分也不同，前者为正长石，隶属于钾长石系列；后者为拉长石，隶属于斜长石系列，因此它们的性质也略有差异，可以通过相对密度、折射率及红外光谱来进行鉴别。月光石折射率约为1.52，相对密度为2.55～2.61，而晕彩拉长石的折射率、相对密度均较高，折射率为1.56左右，相对密度为2.67～2.69。

2. 月光石与玉髓的鉴别

首先，月光石与玉髓（见彩9-13）的光感不同，月光石的月光效应显示一种蓝白色浮光，而玉髓则仅能显示一种乳白色的辉光。其次，月光石为单晶非均质体宝石，在正交偏光下转动具有四明四暗的消光现象，而玉髓为隐晶质集合体，在正交偏光下全亮。

3. 月光石猫眼与石英猫眼的鉴别

石英猫眼与月光石猫眼外观有些相似，但二者的性质存在一些差异。石英猫眼没有月光石特有的月光效应，其莫氏硬度（7）、相对密度（2.65）、折射率（1.54）均略高于月光石猫眼。月光石猫眼内部往往有典型的解理有别于石英猫眼，并且月光石猫眼极为少见。

五、月光石与仿制品的鉴别

目前市场上常见的仿月光石为玻璃和塑料仿制品。

从外观上来看，仿月光石的玻璃（见彩9-14）和塑料制品色彩相对单一，比较呆板。由于玻璃和塑料仿制品均为非晶质体，偏光镜下呈现全消光或异常消光，其内部没有解理纹，也没有特征的"蜈蚣状"包裹体。此外，玻璃和塑料仿制品在紫外光下常具多变的中至强的明显荧光；而月光石的荧光现象很弱或无。玻璃和塑料仿制品的内部可有气泡、气泡群或搅动构造。另外，塑料仿制品的相对密度低，掂重可区别之。

第十章
托帕石、水晶

第一节　托帕石的鉴定

托帕石又称"黄玉"，因易与和田玉中的黄玉混淆，故国标中采用音译名称"托帕石"，以示区别。

一、托帕石的基本性质

托帕石为含氟和羟基的铝的硅酸盐矿物，是一种常见的单晶体宝石，商业品级的托帕石通常进行优化处理。托帕石的基本性质见表10-1。

表10-1　托帕石基本性质一览表

矿物组成	黄玉
化学成分	Al_2SiO_4（F，OH）
结晶状态	晶质体——斜方晶系
颜色	无色、橘黄色至褐黄色、浅蓝色至蓝色、粉红色至褐红色，极少数呈绿色
光泽	玻璃光泽
透明度	透明
光性特征	非均质体——二轴晶，正光性
色散值	0.014
多色性	弱至中等的三色性，依颜色不同
折射率	1.619～1.627；双折射率0.008～0.010
相对密度	3.53

矿物组成	黄玉
莫氏硬度	8
紫外荧光	长波：无至中等，橘黄、黄、绿； 短波：无至弱，橘黄、黄、绿白

二、托帕石的鉴定特征

托帕石多呈无色、极淡蓝色、淡褐色和橘黄色（雪利酒色），而红色和粉红色极少（见彩10-1）。巴西托帕石较其他产地的颜色深，多呈黄-橘黄色，还有淡蓝、淡粉、灰绿和无色等；斯里兰卡的托帕石色浅，多呈浅蓝、浅绿和无色等；中国的托帕石颜色极浅，多呈无色，还有极淡蓝色和极淡褐色。

当托帕石晶形完好时，解理面垂直 c 轴，且柱面常有纵纹；当晶形不完整时，在断口处，可找到平滑的解理面或呈阶梯状的解理面。这也是托帕石独有的特征。

托帕石透明度较高，与其他单晶体宝石相比，内部较洁净，包裹体较少，肉眼较难看见瑕疵；放大检查常见气液包裹体，有时在空穴中可见两种互不混溶的液体和气泡。常见的固体矿物包裹体有云母、钠长石、电气石和赤铁矿等。

托帕石具有较强的玻璃光泽；相对密度适中，掂重的感觉为中等。

三、托帕石与相似宝石的鉴别

与托帕石相似的常见宝石主要有水晶、海蓝宝石、碧玺、磷灰石、赛黄晶等。

1. 与水晶的鉴别

托帕石与水晶的晶体原料区分较为容易，托帕石柱状晶面上的纵纹有别于水晶晶面上的横纹。

加工好的成品裸石中，容易相混淆的是黄色托帕石和黄色水晶（见彩10-2～彩10-4）。首先，从外观来看，托帕石的光泽略高于水晶，这是由于托帕石的折射率较高的缘故。其次，托帕石的相对密度（3.53）大于水晶的相对密度（2.65），用手掂同等大小的托帕石和水晶时，托帕石有坠手的感觉，水晶则较轻。

此外，黄色水晶具弱的二色性（淡黄–黄），而黄色托帕石具弱至中等的三色性（带粉色调的淡黄–橘黄–褐黄）。

2. 与海蓝宝石的鉴别

托帕石的晶形为斜方柱状（见彩10-5），易与海蓝宝石的六方柱状晶形（见彩4-19）区别。若为浑圆状毛坯时，可依据断口处的完全解理区别于海蓝宝石的贝壳状断口。

掂重：托帕石（3.53）手感中等，而海蓝宝石手感轻。

海蓝宝石与蓝色托帕石（见彩10-6）的外观很像，但是海蓝宝石的颜色一般较浅，呈天蓝色、湖蓝色，并且带有朦胧感；蓝色托帕石的色较深，带少量暗色调，而且较清澈。

托帕石的折射率（1.619～1.627）和相对密度（3.53）均高于海蓝宝石的折射率（1.577～1.583）和相对密度（2.67～2.90）。

此外，海蓝宝石具明显的二色性（无色–淡蓝色），不同于蓝色托帕石弱至中等的三色性（无色–淡粉色–淡蓝色）。

3. 与碧玺的鉴别

碧玺有多种颜色（见彩7-1～彩7-10），可与不同颜色的托帕石相比较。肉眼观察托帕石与碧玺，碧玺有较强的多色性，多色性颜色随体色而变化，呈现出深浅不同；而托帕石的多色性较弱，颜色的均一性强于碧玺。另外，碧玺的双折射率高，往往可见后刻面棱双影。碧玺的相对密度为3.06，小于托帕石。放大观察碧玺内部可能有充满液体的扁平状、不规则的管状包体等，与托帕石内部的包裹体特征不同。

4. 与磷灰石的鉴别

磷灰石多为无色、黄色、绿色、紫色、褐色、紫红色、粉红色和蓝色等，其光性为一轴晶负光性，托帕石为二轴晶正光性，二者光性不同。蓝色磷灰石（见彩10-7）的二色性强，与蓝色托帕石的三色性不同；其他颜色的磷灰石二色性弱。

磷灰石的莫氏硬度较低，为5～5.5，其刻面宝石棱线不及莫氏硬度为8的托帕石刻面宝石棱线尖锐；磷灰石的相对密度为3.18，小于托帕石，在二碘甲烷中上浮，而托帕石则下沉。

5. 与赛黄晶的鉴别

赛黄晶（见彩10-8）的颜色较少，主要为黄色、褐色和无色，偶见粉红色。赛黄晶的相对密度（3.00）小于托帕石的相对密度（3.53）。放大观察，赛黄晶可见气液包体和固态包体。

赛黄晶在长波紫外光下，荧光强度可从无到强变化，荧光颜色为浅蓝至蓝绿；短波紫外光下，荧光强度变得较弱，但荧光颜色与长波下的荧光色相同。

四、优化、处理托帕石的鉴别

天然的蓝色、粉色、红色及绿色托帕石极为少见，所以市场上常见的彩色托帕石绝大多数是由天然托帕石进行优化和处理而得。目前，对天然托帕石颜色进行改善的技术主要包括热处理、辐照、扩散、镀膜及热熔等。

1. 热处理托帕石

黄色、橙色、褐绿色的托帕石可经热处理转变成粉色或红色。此类托帕石颜色稳定，属优化，等同于天然托帕石。

2. 辐照托帕石

无色托帕石经辐照和热处理后可呈不同色调与深浅的蓝色（见彩10-9），如天空蓝、美国蓝、瑞士蓝、普鲁士蓝和伦敦蓝等。此类蓝色托帕石的颜色鲜艳、颜色内外分布均匀、透明度高、粒度大，但耐高温性能较差，在制作成首饰的过程中要避免高温操作，否则会褪色。

对于辐照改色处理的蓝色托帕石，主要从颜色过于鲜艳均匀及内部包裹体有加热膨胀等特征进行识别，对于无包裹体者可通过大型仪器测定其辐照损伤色心来确定。

3. 扩散托帕石

无色托帕石表面经掺杂剂（如钴离子）扩散处理可形成蓝色和蓝绿色（见彩10-10）。

经扩散处理的托帕石视觉呈蓝色调，耐久性很强，耐高温性也强，颜色鲜艳逼真，但蓝色仅限于表层，内部无色。因此，浸油放大检查可见宝石表层颜色有不均匀现象，多呈斑点状；测得的折射率高于托帕石的折射率值；测定宝石表面元素（钴）含量异常。

4. 镀膜托帕石

无色托帕石经覆膜和喷镀处理可呈现多种颜色。

早期镀膜托帕石（见彩10-11）产品的膜层成分比较简单，颜色多呈带有绿、紫色调的彩虹色，光泽异常，近金属光泽，膜层容易脱落，耐久性较差，高温下容易褪色。

后期改进的镀膜技术使得镀膜托帕石的膜层成分多样，并且仅在托帕石的亭部表面镀膜，使得台面测得的折射率与托帕石的一致，可呈现鲜艳的蓝色、绿色、红色等多种颜色。

镀膜托帕石的耐久性较差，镀膜表面光泽异常，膜层可有脱落现象，用小刀能刻划出划痕，并且不能承受过高的温度。

5. TCF 托帕石

TCF 也称热熔技术（Thermal color fusion），是近年来兴起的一种新型的托帕石处理技术，是在原镀膜工艺的基础上增加了扩散与高温熔结的技术。所以TCF托帕石（见彩10-12）的耐久性很强，抗刻划，耐高温，并且TCF托帕石产品的颜色品种非常丰富，色彩鲜艳逼真。

浸油放大检查，可见TCF托帕石表层颜色有不均匀现象；TCF托帕石的镀膜亭部表面光泽强于未镀膜的冠部表面；分别测定TCF托帕石亭部和冠部的折射率，可发现两者的折射率值不一致；采用大型仪器测试TCF托帕石表面的化学成分，可得出亭部镀膜表面元素异常的结果。

❧❧ 第二节　水晶的鉴定 ❧❧

一、水晶的基本性质

水晶的矿物学名称为石英，由氧和硅结晶而成（SiO_2）。因为氧和硅是地球上最主要的元素，故石英是自然界最常见的矿物之一。表10-2列出了水晶的基本性质。

表10-2 水晶基本性质一览表

矿物组成	石英
化学成分	SiO_2
结晶状态	晶质体——三方晶系
颜色	无色、紫色、黄色、烟色、粉色、红色等
光泽	玻璃光泽
透明度	透明至半透明
光性特征	非均质体——一轴晶，正光性
色散值	0.013
多色性	弱二色性，体色深浅变化
折射率	1.544 ～ 1.553；双折射率：0.009
相对密度	2.65
莫氏硬度	7
紫外荧光	惰性
特殊光学效应	猫眼效应；星光效应

二、水晶的种类

水晶的种类繁多，宝石业界通常按其颜色或内部包裹体进行分类。

1. 按颜色分类

根据自然界中水晶所呈现的颜色，可分为白水晶、紫水晶、黄水晶、烟晶、粉水晶、红水晶等。

（1）白水晶 通常把无色透明的石英晶体称为白水晶，见彩10-13。

（2）紫水晶 是一种呈淡紫色、浓紫色或葡萄紫色的透明石英晶体。如葡萄般的紫色是由于水晶中含微量铁及锰元素所致，见彩10-14。

（3）烟晶 是指带有棕褐色色调的水晶，墨晶和茶晶（见彩10-15）可归于烟晶的类别中，只是颜色深浅不一，色深者为墨晶，色浅者为茶晶。

（4）黄水晶 金黄色、橘黄色、棕黄色、淡黄色水晶的统称。英语中称为"citrine"，由法文"citrom"演化而来，意思即柠檬，是说这种晶体色调接近柠檬色，见彩10-4。

（5）粉水晶 简称粉晶，即蔷薇水晶，也叫芙蓉石（见彩10-16）。芙蓉石被西方誉为爱情之石。粉晶原石大多为块状，产于各地伟晶岩中，生长在上层的质地比较好。粉晶因内含有微量的锰和钛元素而形成粉红色，颜色鲜嫩可爱。

（6）红水晶　红色的水晶（见彩10-17），是淡红到火红色的石英，红色是因其含氧化铁和氧化钛所致。

2. 按内部所含包裹体分类

水晶内部的包裹体非常丰富，根据其特点可分为发晶、石英猫眼、星光水晶、幽灵水晶、草莓水晶、彩虹水晶、水胆水晶等（见彩10-18～彩10-24）。

（1）发晶　无色、浅黄、浅褐等晶体内含有针状、发状、丝状矿物包裹体的水晶称为发晶。晶体含金红石包裹体时发丝常呈金黄、褐红等色，称为金发；含电气石时发丝常呈灰黑色，称为黑发；含阳起石时发丝而呈灰绿色，称为绿发。

（2）石英猫眼　当水晶中含有一组平行排列的纤维状包裹体如石棉纤维时，其弧面型宝石表面可显示猫眼效应，称为石英猫眼。

（3）星光水晶　当水晶中含有两组以上定向排列的针状、纤维状包体时，其弧面型宝石表面可显示星光效应，一般为六射星光。

（4）幽灵水晶　是指水晶在生长过程中，包含了不同颜色的火山泥等矿物质，由于这些包裹体分布无固定模式，故会出现各种各样、千姿百态的"幽灵"，因此得名。通常在通透的白水晶、黄水晶或茶晶里，浮现如云雾、水草、漩涡甚至金字塔等天然异象。内含物颜色为绿色的则称为绿幽灵水晶，同样道理，因火山泥灰颜色的改变，也会形成红幽灵、白幽灵、紫幽灵、灰幽灵水晶等。

（5）草莓水晶（strawberry quartz）　英文音译名称为"士多啤梨水晶"，是内部含有红色铁质包裹体的水晶，这些包裹体可以是针铁矿或纤铁矿。草莓水晶是近年来才被发现的新品种。

（6）彩虹水晶　这是一种含有细小气泡或液体充填裂隙的水晶，裂隙通过干涉光产生彩虹光芒。

（7）水胆水晶　晶体的内部含有肉眼可见的大片液态包裹体的透明水晶被称作水胆水晶。某些水胆水晶在摇晃时，还能看到液体在滚动。

三、水晶的鉴定特征

水晶原石常见于伟晶岩脉或晶洞中[见彩10-14（a）]，水晶的柱状晶体上发育有横纹和多边形蚀像,紫晶晶体常显色带和生长纹。

鉴定水晶成品时,除了在实验室检测其光性、折射率、相对密度以及放大检查外,还可以使用以下较为简单、快捷的鉴别方法。

1. 看颜色

水晶颜色丰富,但绿、蓝色少见,当见到此类颜色的水晶时,要考虑是否经过了人工处理。

2. 触摸法

水晶为晶体,传热较快,玻璃是非晶质体,传热较慢。因此用手触摸样品,水晶有一种冰凉感,而玻璃则有温感。

3. 硬度法

水晶莫氏硬度为7,玻璃莫氏硬度通常为5.5左右,可通过观察刻面棱线的尖锐程度进行鉴别,棱线尖锐者为水晶,棱线相对粗糙或多有断口者是玻璃。

4. 用头发丝检查

由于水晶具有双折射,将水晶放在一根头发丝上,人眼透过水晶能看到头发丝双影。

此外,根据不同水晶种类(如发晶、幽灵水晶、草莓水晶、彩虹水晶等)的特点也可快速进行鉴定。

四、水晶与相似宝石、合成水晶及仿制品的鉴别

与水晶相似的宝石主要有托帕石、碧玺、尖晶石、萤石等,此外还有合成水晶、玻璃与水晶相仿。对于这些水晶相似宝石、合成水晶和玻璃仿制品,可以根据其光性、折射率、相对密度、莫氏硬度、包裹体等特征将其区分(见表10-3)。

托帕石、碧玺与水晶都是非均质体,莫氏硬度也接近,可依据托帕石、碧玺的折射率和相对密度均高于水晶的特征进行鉴别;尖晶石、萤石、玻璃均为均质体,可利用宝石偏光镜及硬度的差异将其与水晶区分开来;合成水晶的外观和物理性质均与天然水晶基本相同,但其内部往往非常干净,通常颜色鲜艳且均匀度高于天然水晶,缺少水晶特有的天然矿物包裹体,偶见双晶也与天然水晶中的道芬双晶、巴西双晶大不相同。

表 10-3　水晶与相似宝石鉴别特征

名　称	光性	折射率	相对密度	莫氏硬度	放大检查
水　晶	非均质体	1.544～1.553	2.65	7	不规则排列的气液两相包裹体及矿物包裹体
托帕石	非均质体	1.619～1.627	3.53	8	有气态包裹体或两种互不混溶的液态包裹体
碧　玺	非均质体	1.624～1.644	3.06	7～8	管状包裹体密集平行排列；裂隙发育
尖晶石	均质体	1.718	3.60	8	有小八面体单个存在或密集形成指纹状
萤　石	均质体	1.434	3.18	4	三角形负晶；裂隙中含水的气泡单独或成群存在
合成水晶	非均质体	1.544～1.553	2.65	7	通常内部洁净，偶见鼓包状、花絮状双晶
玻　璃	非晶质体	多变	多变	5～6	气泡；表面凹坑；棱线上常有粗糙的断口

五、优化、处理水晶的鉴别

由于彩色水晶相对于无色水晶较为稀少，所以目前市场上有一部分彩色水晶是经过优化、处理的产品。通常水晶的优化、处理方法主要有热处理、辐照、染色和覆膜处理等。

1.　热处理水晶

通过热处理的方法，可将某些非常暗的紫晶变浅或控制温度转变为黄晶和绿水晶；有些烟晶则转变成带绿色调的黄色水晶。

热处理改色的水晶可依据内部包裹体的变化进行鉴别，例如含有细小棕黄色针铁矿的紫晶加热后变为黄水晶，其中的针铁矿变成了棕红色的赤铁矿，可据此判断黄水晶是否经过了热处理。

2.　辐照水晶

经过辐照处理，无色水晶可以转变为烟晶；粉晶可加深颜色。

辐照改色的水晶遇热颜色会变浅或变色，其内部裂隙和包裹体也会有延伸膨胀的迹象。

3.　染色水晶

采用淬火获得炸裂纹，将染料浸入裂隙中，可得到各种颜色的染色水晶

（见彩10-25）。

　　染色水晶的特征是颜色沿裂隙集中，常呈蜘蛛网状分布，并且有较强的紫外荧光。

4. 覆膜水晶

　　无色水晶经覆膜处理可呈现各种颜色（见彩10-26），此类水晶表面呈七彩的金属光泽，且膜层容易脱落，易于鉴别。

第十一章
翡 翠

第一节　翡翠的特征

一、翡翠的基本性质

根据《翡翠分级》国标（GB/T 23885—2009）的定义，翡翠主要由硬玉或由硬玉及其他钠质、钠钙质辉石（钠铬辉石、绿辉石）组成的，具工艺价值的矿物集合体。翡翠的基本性质见表11-1。

表11-1　翡翠基本性质一览表

矿物组成	硬玉、绿辉石、钠铬辉石，可含少量角闪石、长石、铬铁矿等矿物
化学成分	硬玉 $NaAlSi_2O_6$，可含有 Cr、Fe、Ca、Mg、Mn、V、Ti 等元素
结晶状态	晶质集合体
颜色	白色及各种色调的绿色、黄色、红色、橙色、褐色、灰色、黑色、浅紫红色、紫色、蓝色等
光泽	油脂光泽至玻璃光泽
透明度	透明至不透明
光性特征	非均质集合体
折射率	点测 1.66
相对密度	3.34
莫氏硬度	6.5 ～ 7
紫外荧光	无至弱，白色、绿色、黄色
吸收光谱	437nm 铁的吸收线，铬致色的绿色翡翠具 630nm、660nm、690nm 三条铬的吸收线

二、翡翠的分类

翡翠具有丰富的颜色和多变的透明度与结构，因此不同的学者与商家依据不同的视角对翡翠有着不同的分类。

1. 传统意义分类

通常将翡翠分为老种、新种和新老种三大类。

所谓翡翠的"种"是指翡翠晶体颗粒的大小、致密程度和透明度的综合反映，是评价翡翠好坏的重要标志。好的"种"能使颜色饱满的翡翠水淋明澈、充满灵气，也可以使颜色浅的翡翠呈现温润晶莹的效果。

（1）老种　又叫老坑种（见彩11-1和彩11-2），是指从开采历史久远的矿坑内产出的冲积型次生矿翡翠品种，采出的原料都是像砾石一样的"籽料"。产出于老矿坑的翡翠质地细腻，常常被视为优质翡翠的代名词。通常晶体颗粒小于0.1mm，放大镜下看不清矿物颗粒。

（2）新种　又叫新坑种（见彩11-3），多为采掘历史不长，新发现的原生矿品种。因翡翠是一种变质成因的岩石，若变质不充分、不完全就称为新种。新坑种翡翠透明度略低、玉质较为粗糙，多数质量偏低。通常晶体颗粒大于1mm，肉眼易见。

（3）新老种　是介于新种和老坑种之间的翡翠品种。晶体颗粒大小则介于上述二者之间（0.1～1mm）。

2. 按颜色分类

翡翠颜色有绿、青、紫、蓝、灰、白、黑和黄、褐、红及杂色等（见彩11-4～彩11-8）。翡翠的颜色中以绿色最为珍贵。根据其绿色色调、饱和度、明度的不同，翡翠的绿色又可分为几十个品种（见表11-2），其他颜色的翡翠品种见表11-3。

在同一块翡翠上往往会呈现颜色不均（包括浓淡不均）现象，呈现各种"色形"。翡翠的绿色可呈不同形状，如斑状、团块状、脉状、丝状等，它们都是绿色的小晶体或集合体排列组合形式不同的表现；由于这些绿色来源于晶体和/或其集合体本身，而被称为有"色根"。

表11-2　绿色翡翠的颜色特征

品种	颜色特征	说明
玻璃艳绿	绿色浓艳，地子像玻璃般纯净	色调均匀，透明度好，是翡翠中最上品，也有人称"帝王绿"
艳绿	绿色浓艳，但不够纯净	色调均匀，但透明度差，较上品，俗称"色辣"
宝石绿	绿色似祖母绿宝石	透明度不及祖母绿，色浅者质量降低
阳俏绿	翠绿色	无黄色调，翠色不浓，也称"阳绿"
苹果绿	绿色不够浓艳，色调偏浅	透明度好，是翡翠中上品
黄杨绿	黄绿色	色如初春黄杨树嫩叶，质量不及阳俏绿
浅杨绿	浅黄绿色	色比黄杨树嫩叶浅，质量不及黄杨绿
鹦哥绿	色如鹦哥绿色羽毛	绿色艳丽，但常有黄绿色调或蓝色调
葱心绿	色如娇嫩的葱叶	绿色娇艳，但常有黄绿色调
豆青绿	色如豆青	此品种较多，有"十绿九豆"之说
菠菜绿	色暗如菠菜叶	也称"菜绿色"，绿色暗，与艳绿差别大
瓜皮绿	色如绿色瓜皮	绿中微青，色欠纯正
瓜皮青	色如青色瓜皮	青中有绿，色欠纯正
丝瓜绿	色如丝瓜皮绿色	绿中有丝络，质量降低
蛤蟆绿	绿中带蓝或灰色调	可见"瘤状"色斑，亦称"蛙绿"，颜色不均匀
匀水绿	浅绿色	色浅而鲜，较均匀
江水绿	绿色闷暗	色不如匀水绿，且有混浊感
灰绿	灰色中有绿色	灰色调为主，虽有绿色，但色不正，质量较差
灰蓝	灰色中有不纯蓝色	灰色调为主，不纯正的灰蓝色，质量较差
油绿	色绿暗不纯正	如油浸般不鲜明，色邪
油青	色绿暗不纯正	较油绿更暗淡，色邪
墨绿	墨绿色	黑中透绿，有时呈暗黑色

3. 按质地分类

翡翠的质地（也称"地子"，是结构和透明度的综合反映）可分为玻璃地、冰地、蛋清地、油青地、藕粉地、干地、瓷地等多种（见表11-4和彩11-4，彩11-9～彩11-12）。

表 11-3　其他色翡翠的颜色特征

品　种	颜色特征	说　明
紫色	浅紫—浓紫的紫罗兰色	根据色调又有粉紫、茄紫、灰紫、蓝紫之分
	淡紫色调的藕粉色	比紫罗兰色更淡，像藕色般淡薄，质量略逊于紫罗兰
红翡	红褐色	红色、淡红色、红褐色、褐色，多呈铁锈色，纯红色罕见
黄色	黄色、褐黄、黄褐	米黄色十分罕见
黑色	黑色、黑褐色	在原料中也称"脏"，很少集中大块出现
白色	色白或无色	最常见的翡翠，又称"白色料"
多色	红、绿、紫、黄、白等多种颜色共存	绿、紫双色者称"春带彩"；三色者称"福禄寿"或"桃园三结义"；四色者称"福禄寿禧"；五色者称"福禄寿禧财"或"五福临门"

表 11-4　常见翡翠质地的鉴别特征

品　种	基本特征	说　明
玻璃地	完全透明，玻璃光泽；结构细腻，韧性强；像玻璃般均匀而无棉绺或石花；可有色或无色，但地子对颜色有影响	以2mm厚度为基准，观察透明度；完全透明者罕见，为上品
冰地	透明如冰如水，玻璃光泽；也称"水地"	是质量略逊的似玻璃地品种
蛋清地	质地如同鸡蛋清，透明度稍差；玻璃光泽，也称"化地"	是一种稍混浊的似玻璃地品种
鼻涕地	质地如同清鼻涕，透明度比蛋清地稍差；玻璃光泽	类似蛋清地，质地不如蛋清地干净
青水地	质地透明，但泛青绿色，是带青绿色的水地品种	因色干扰，质量不如水地
灰水地	质地半透明，但泛灰色	因有灰色，质量不如青水地
紫水地	质地半透明，但泛紫色调，是半透明的紫罗兰	与紫罗兰不同是强调质地的透明
浑水地	质地半透明，像浑水	透明度差的水地
细白地	半透明，细腻色白	光泽好时是好的玉器原料
白沙地	半透明，有沙性，白色	不细腻的细白地
灰沙地	半透明，有沙性，灰色	不细腻的灰色白沙地
油青地	半透明，质地细腻，颜色灰青，似有油分	颜色和质地相对均匀
豆青地	半透明，豆青色地子	豆青色的半透明品种
藕粉地	半透明，有不均匀的淡紫花	紫花均匀时为紫罗兰品种
青花地	半透明至不透明，有青色石花，质地不均匀	只能做玉料用，不适宜作首饰料
白花地	半透明至不透明，质粗并有石花、石脑	白色质地粗糙的翡翠
瓷地	半透明至不透明，白色	质地如同瓷器，有凝滞、呆板感
干白地	不透明，光泽差，白色	俗称"水头差"，质量低
糙白地	不透明，粗糙，白色	水头比干白地还差，质量更低
糙灰地	不透明，粗糙，灰色	水头比糙白地还差，质量非常低
狗屎地	黑褐色，多为皮色，也为"乌地"	

目前市场上存在着"老坑玻璃种""玻璃种""冰种""糯种""金丝种""飘花""白地青""花青种""油青种""豆种""干青种""铁龙生""乌鸡种"等翡翠种类的商业俗称。这类命名实际上综合了颜色、透明度、质地三项因素，是对老种、新种、新老种三大传统类别的进一步发展。

第二节　翡翠的鉴定

一、经验鉴定

翡翠颜色丰富，质地多样，透明—不透明，玻璃光泽为主，具备其特有的宝石学基本性质，因此，可依据翡翠的特性进行经验鉴定。

1. 掂重

翡翠的相对密度为3.34左右，相对于其他天然玉石密度较高，上手会有压手的感觉，而大多数仿制品以及优化处理过的翡翠上手的感觉会比翡翠略轻。但目前的造假手段层出不穷，比如铅玻璃仿造的翡翠其相对密度甚至能高于翡翠，掂重的方法不能一概而论。

2. 观察"翠性"

肉眼观察翡翠原石或成品，其抛光面或石皮上，多可见一种颗粒稍大、似眼状的斑晶，在光照下表现为片状闪光，即行家所说的"翠性"（见彩11-13）。其他相似玉石均无此特征，所以观察翡翠的"翠性"是鉴别翡翠的手段之一。

需要说明的是，新种翡翠的晶体颗粒较大，"翠性"较强，容易被观察到；老坑种翡翠因晶体颗粒极为细小致密，往往片状闪光不明显，无法观测到翠性。

3. 检测光性、折射率

在实验室中，可通过偏光镜检测翡翠的光性，透明度较好的翡翠在正交偏光镜下旋转一周全亮；使用折射仪测定翡翠的折射率为1.66（点测）。

4. 观察结构

放大检查，翡翠具纤维交织结构至变斑晶交织结构，在强光手电照射下，会发现翡翠颜色起伏有序、有色根，可呈现出浓淡过渡的斑点或条带。

5. 检测硬度，观察光泽

翡翠的莫氏硬度为6.5～7，属于硬度高的玉石，据说也是硬玉矿物名称的来历，因此原石可用硬度计或用小刀进行刻划，表现为小刀刻不动。

成品不宜使用硬度计和小刀，但可凭借观察成品抛光面呈现的玻璃光泽及业内俗称的"刚性""光路"等方面进行鉴定。

二、原石（赌货）的鉴别

翡翠的原石有山料（又称山石、原生矿）和籽料（又称水石、砂矿）之分，且大多数翡翠原石属水石或半山半水石。山石的鉴别相对于水石要容易一些，可通过观察其结构特征及检测有关数据进行识别。籽料历经漫长的风化搬运作用，所以表面上常有一层不透明的外皮包裹，称之为璞。由于一皮相隔，内部玉质的优劣很难推测，所以行家称有皮的料为"赌货"。实际上，翡翠行家可以从观察外皮的特点推测内部质量，所以对翡翠料皮的观察和识别十分重要。

1. 根据外皮的形态判断玉料质量

常见翡翠外皮形态与玉料质量见表11-5。

表11-5 常见翡翠外皮形态与玉料质量

名 称	颜 色	外皮形态	玉料质量及鉴别
粗皮	黄、土黄、米黄、棕黄、黄白	皮厚质粗，可见矿物个体呈粒状结构	透明度低、硬度低。行话称之为"皮松""土籽""新坑"
细皮	多呈深色调，如红褐、棕褐、黑红和黑色等	表皮光滑如卵石，皮薄、坚实，靠近内层有一"红袍"层，即"红翡"	质地细腻，透明度好、坚硬，亦称"皮紧""水籽"或"老坑"
沙皮	白色、黑色或灰黑色、褐色，黄色调或褐色调居多	细皮砂粒性，介于粗皮子和细皮子之间	质量变化较大，称之为"水返沙"或"新老坑"

名 称	颜 色	外皮形态	玉料质量及鉴别
假皮	在皮质不太好的籽料、新山料或绿色石英岩玉料外表贴上一层质地细腻的褐红色外皮	皮的粗细均匀、颜色均一、光洁度好、无裂纹；手摸有温感；轻敲外皮会成片脱落	烧、烫时假皮起皱而脱落；刮下碎屑烧烤有气味并冒烟变色（水泥假皮烧烤后，用手指研磨有滑石粉之感）
染色皮	整个籽料带皮染色，染色后再褪色	多处开门子，每个门子的颜色均相似	可用查尔斯滤色镜检查铬染色或观察门子处绿色是否为沿裂隙或粒间分布的浸染色（炝色）

2. 根据外皮绿色的特点判断玉料的颜色

翡翠的绿色常在外皮上有一定隐现，如皮上有不明显之绿苔，则说明内有翠绿。根据绿在外皮上的表现特点可分为绿硬、绿苔、绿眼、绿丝和绿软，其中以绿硬、绿眼和绿苔为佳（见表11-6）。

表11-6 翡翠外皮绿色与玉料颜色

名称	外皮绿色的特点	玉料的颜色
绿硬	由硬玉矿物构成的绿带，在外皮上呈现稍突出的"绿鼓"	绿色浓艳且绿色部位质地坚硬
绿苔	又称"苔纹"，绿色在外皮上呈暗色苔状花纹	翠绿
绿眼	绿色在外皮上呈现漏斗形的凹坑，似眼状	翠绿
绿丝	又称"条纹"，绿色在外皮上呈带状或线状分布	绿色
绿软	又称"沟壑""绿脊"，由透辉石、钙铁辉石和霓石等矿物构成的绿带，在外皮上呈凹的沟或槽	绿色浅淡且绿色部位质地软

如果在籽料的皮上看到绿线或绿团，就说明内部可能有绿。如果绿色在皮上的分布面积大，就有绿色仅在表皮的可能。如果在籽料对称的皮面上都见有绿线，这条绿带就无疑的穿过籽料。所以行家称"宁买一线，不买一片"。另外，绿色是由绿色硬玉和其他绿色矿物组成，其中绿色硬玉硬度最大，耐风化。如果是硬玉构成的绿带，在表皮上就会呈现一条稍突出的绿线。如果是其他辉石、闪石等构成的绿带，就会在表皮上呈现一条凹下的绿线。因由硬玉构成的绿带较其他矿物构成的绿带要艳丽，所以行家又称"宁买一鼓，不买一脊"。

3. 根据外皮的绺裂特点判断玉料是否有裂

翡翠的绺裂有大型绺和隐蔽绺之分。翡翠的大型绺如通天绺、夹皮绺、恶绺等，在外皮上表现较明显，易于认识。而一些与籽料融为一体的隐蔽绺，就很难识别，但危害性甚大。隐蔽绺根据其特点分为三种：台阶式、沟槽式和交错式（见表11-7）。

表11-7　外皮隐蔽绺的识别特征

隐蔽绺名称	识别特征
台阶式绺	在翡翠外皮上呈大小不同的台阶状，沿台阶的水平或竖直两个方向易出现裂纹
沟槽式绺	在翡翠外皮上呈深浅不同的沟槽状，沿沟槽方向易出现大小不等的绺裂
交错式绺	在翡翠外皮上有两个坡面以不同角度相交时，在交叉处易出现绺裂

4. 根据外皮上的门子判断玉料的质量和真伪

翡翠籽料，一般在靠皮的地方开一个或几个大小不等的天窗，用以显示其内部的颜色和质地，这就叫开门子或开天窗。开"窗"部分，一般是"种""色"最好的部位，除此以外，可能都是质地较次或很次的部位。开门子根据其特点可分为线状门子、面状门子、多处门子和假门子四种（见表11-8）。

表11-8　翡翠外皮的门子与玉料的质量及真伪

名称		外皮门子的特点	玉料的质量及真伪
线状门子		在翡翠外皮上沿绿的走向擦一条浅槽或开长条状狭窄的小"窗"	老种分布极不均匀，非常局限，且裂隙十分发育，狭长形"窗"即为裂隙
面状门子		在外皮上绿表现较多的地方，或平行绿的走向，切下一小片，或将籽料的整个外皮扒光	绿在籽料上呈面状分布，给人以满绿之感，其实绿仅薄薄一层
多处门子		为了找绿或显示其内部的绿，在外皮上多个地方开门子	一般高档翡翠料上均有多处开门子的痕迹；有的门子经伪装，说明该门子处根本无绿的显示
假门子	普通镶门子	用一片质色均好的翡翠籽料粘贴在一块质色均差的翡翠籽料的切口上	检查门子周围的绺裂是否完全衔接；将其置于60℃左右的温热水中，黏合部位即沿黏合线有气泡溢出
	高翠镶门子	门子是高翠，而皮及其内部均是假的。其皮是用水泥与黏合剂合成，其内部是用铅巴、铅或铁块等填制而成	外皮石性不足，手摸有温感
	垫色门子	又称贴色门子，用水头较好的无色或白色翡翠玉片，涂一层绿漆或绿颜料或贴一层绿塑料薄膜，再粘在翡翠籽料的切口上	门子周围的绺裂是否完全衔接；用聚光手电照射切口处，光线只在黏合薄翡翠或绿玻璃上移动，光束不下延，绿色从内部透出来；将其置于60℃左右的温水中，沿黏合线有气泡溢出
	灌色门子	又称光口入色，在籽料正面开一个门子，从其后面钻1～2个洞，深度距门子1.0cm左右，向洞内灌绿漆或绿色涂料待自然干燥后，封住洞口即成	真品的翠反映在地子上面，而伪品的绿则反映在光口的地子以内

三、翡翠与相似玉石的鉴别

与翡翠相似的玉石有葡萄石、钠长石玉、钙铝榴石、水钙铝榴石、符山石玉、大理岩（见彩11-14）、软玉（见彩12-1）、独山玉与蛇纹石玉（见彩13-1）、石英质玉（东陵石、密玉、澳玉，见彩15-1）以及绿泥石玉等，其鉴别特征见表11-9。

表11-9　翡翠与相似玉石的鉴别特征

名称	颜色	折射率	相对密度	莫氏硬度	结构特征	其他
翡翠	绿、红、紫、黄、白	1.66	3.34	6.5～7	变斑晶交织结构；韧性大；有翠性	颜色不均；光泽强
软玉	白、绿、黄、墨绿	1.62	2.95	6～6.5	毛毡状结构；韧性大，无斑晶；质地细腻	颜色均匀；油脂光泽
岫玉	白、绿、黄绿、黄	1.56	2.57	2.5～6	纤维状网格结构；性脆	颜色均一；油脂光泽
独山玉	白、绿、褐及杂色	1.56～1.70	2.90	6～7	粒状结构	色杂不均匀
钠长石玉	白、绿、灰绿色	1.53	2.60	6	纤维状或粒状变晶结构	颜色不均，俗称"水沫子"
钙铝榴石	白、翠绿、暗绿	1.74	3.61	7～8	粒状结构；绿色呈点状嵌在白底上	颜色不均；光泽强
水钙铝榴石	浅黄绿、绿	1.720	3.47	7	粒状结构；有较多黑色斑点和斑块	颜色可均一；油脂光泽感
葡萄石	深绿、黄绿、黄、白	1.63	2.87	6～6.5	放射状纤维结构或细粒状结构	颜色均一
绿泥石	绿—墨绿	1.57	2.70	2.5	可见小片状矿物，质地细腻，蜡状光泽	硬度低；俗称"莱州玉"
东陵石	褐红、蓝绿、灰绿	1.54	2.66	7	可见闪光的铬云母片状矿物；粒状结构	硬度大
澳玉	绿、浅绿	1.54	2.66	7	质地细腻；缺少翠性	蜡状光泽；颜色均一
密玉	黄绿	1.54	2.66	7	质地细腻；缺少翠性	蜡状光泽；颜色均一
符山石玉	绿、黄绿	1.71	3.40	6.5～7	放射状纤维结构	颜色均匀
大理岩	白、淡黄绿	1.65	2.70	3	粒状结构，常有条带	遇盐酸气泡

翡翠的绿色分布不均，有深有浅，有明显的色形，且光泽强，呈强玻璃光泽或玻璃光泽。而相似玉石，颜色多均匀分布。其中钙铝榴石、符山石玉（彩11-15）等光泽较翡翠强。

翡翠、软玉、葡萄石、符山石玉等虽均具纤维交织结构，但翡翠为变斑晶交织结构，软玉为毛毡状结构，而葡萄石和符山石玉为放射状纤维交织结构；而其他相似玉石均为粒状结构。

翡翠的相对密度为3.34左右，除钙铝榴石、水钙铝榴石、符山石玉外，其他玉石的相对密度均小于翡翠的相对密度。

翡翠在查尔斯滤色镜下不变色，而钙铝榴石、东陵石在查尔斯滤色镜下呈红色或紫红色，澳玉、软玉和岫玉等在滤色镜下也不变色。

翡翠的折射率为1.66，除钙铝榴石、水钙铝榴石、符山石玉外，其他玉石的折射率多小于翡翠的折射率（独山玉可出现1.56～1.70的值）。

四、处理翡翠的鉴别

1. B货、C货翡翠的鉴别

消费者在珠宝市场上常会听到翡翠有A货、B货、C货之说。这是由于缅甸的优质翡翠产量越来越少，而普通翡翠又多含有杂质和瑕疵，因此商家多采用酸洗和染色处理的方法来改善质量较差翡翠的外观以提高其应用价值。B货、C货翡翠的鉴别特征见表11-10。

表11-10　B货、C货翡翠的鉴别特征

名称	外观特征	内部特征	其他
B货翡翠	光泽较弱；色与地对比强烈，不自然；表面有"鸡皮疙瘩"和里混外透现象	结构松散而破碎；微裂隙内有异样闪亮，胶多的地方可见气泡，胶老化会有龟裂呈白点状或白线状	轻敲手镯，声音发闷而混浊；相对密度＜3.33；折射率1.65；有紫外荧光；红外光谱检测存在有机胶的吸收峰
C货或B+C货翡翠	颜色不自然，常带蓝色或黄色调；颜色浮于表层；光泽暗淡	无色根，且裂隙处的颜色较深或较浅（后期褪色处理所致）	滤色镜下可变红或不变色；分光镜检测红光区有1条宽吸收带；红外光谱检测存在有机峰

A货翡翠是指没有经过人工处理的纯天然翡翠。

B货翡翠则是采用强酸浸泡腐蚀，去掉杂质，再用树脂或胶充填裂隙，使种、水、色均得到大幅度提高的处理翡翠。B货翡翠的外观通常树脂光泽与玻璃光泽混杂，颜色鲜艳，表面常有溶蚀凹坑和酸蚀网纹（见彩11-16）。

C货翡翠是经过染色处理的翡翠，属于真玉假色。通常有两种类型：一种是将白色或无色翡翠上色；另一种是为有色翡翠补色，使色彩看上去更明艳。

C货翡翠的颜色会均匀分布在晶体颗粒之间，呈脉状细线分布（见彩11-17）。

B+C货翡翠是采用强酸浸泡腐蚀后再经染色处理的翡翠（见彩11-18），这种翡翠同时具备B货和C货的特征，在市场上较为常见。

优质翡翠手镯因结构致密，敲击时呈清脆响亮的金属声。需要注意的是，新种翡翠手镯或有裂纹的手镯敲击时声音不够清脆。

2. 其他处理翡翠的鉴别

除B货、C货外，常见的翡翠处理方法还包括灌蜡或注油，拼合（拼色和垫色）以及镀膜，对于以上处理方法的翡翠可依据表11-11进行鉴别。

表 11-11　其他处理翡翠的鉴别特征

名称	外观特征	内部特征	其他
灌蜡或注油翡翠	注油者饰品表面有一层白色薄膜	裂隙中有蜡制品或流动的气液体	灌蜡者对碰，声音发闷；注油者裂隙处有干涉色，用台灯加热有油珠渗出，有紫外荧光
拼色翡翠	绿色有发空之感；翠色从内部透出来，而不在表面	沿腰部方向观察，各层物质及色彩不同	温水中黏合部位有气泡溢出
垫色翡翠	绿色不正、不纯、发死，且透蓝、灰黄等色	绿色在内浮着，且色上有裂纹	
镀膜翡翠	绿色十分均匀，朦胧感；多为散色，无色根；塑料状光泽	表皮略有细波痕、细擦痕和喷涂不匀等现象，还可找到光滑度、绿色深浅有别于其他处的交接口或破口	温涩感；轻刮镀膜会被划伤甚至脱落；火烧变色，冷却后，手摸镀膜即脱落；水烫，镀膜会膨胀而皱裂

（1）灌蜡或注油翡翠　对于有裂纹的翡翠成品，如手环、戒面或小挂件等，用蜡制品或雪松油或环氧树脂，在高温高压下挤进裂隙内，通过抛光不留任何痕迹。

（2）拼合翡翠的鉴别　拼合翡翠主要有垫色、拼色两种情况。

垫色翡翠是在无色水好的翡翠成品背面涂上绿色染料，然后把涂色面闷镶于金属架内。垫色翡翠的颜色不正，呈漂浮状，且色上有裂纹。

拼色翡翠是将无色水好的翡翠片黏合在涂有绿色染料的劣质翡翠或绿色玻璃或绿色玉片上，而后将黏合处进行伪装。拼色翡翠的颜色有发空之感，颜色从内部透出，不在表面，并且沿腰部方向观察，各层物质及色彩不同，仔细观察结合处会存有气泡（见彩11-19）。

（3）镀膜翡翠的鉴别　镀膜翡翠又称套色翡翠或穿衣翡翠（见彩11-20），一般选择白色、浅色或无色的翡翠饰品，用泰国或法国产的清漆，均匀涂抹表面，待自然干后即形成十几至几十微米厚的翠绿色薄膜。这种翡翠的绿色十分均匀，具有朦胧感，内部多为散色，无色根。外部呈现出蜡状光泽，表皮略有细波痕、细擦痕和喷涂不匀等现象，还可找到光洁度、绿色有别于其他处的交接口或破口，轻刮镀膜会被划伤甚至脱落。

五、翡翠仿制品的鉴别

翡翠仿制品主要有马来玉（见彩11-20）、染色石英岩（见彩11-21）、仿翡翠玻璃（见彩11-22）、仿翡翠塑料等，其鉴别特征见表11-12。

表11-12　翡翠仿制品的鉴别特征

名　称	外观特征	内部特征	其他
马来玉	玻璃地艳绿色和老艳绿色；表面有冷凝凹面、橘皮效应、浑圆状面棱，有时可具半球状裂隙	有时具流线、气泡等，无团块状微透明的石花	三溴甲烷中漂浮；折射率约为1.54；硬度为5.5～6；贝壳状断口；触之有温感
染色石英岩	绿色均匀分布于颗粒之间，不能自然连续穿过裂隙，且绿色在裂隙处加深或变淡	等粒状结构	在三溴甲烷中漂浮；折射率为1.54；滴一滴盐酸变为棕色
仿翡翠玻璃	绿色鲜艳、均匀、呆板、不自然；玻璃光泽	无翠性；有气泡	贝壳状断口；质轻，在三溴甲烷中漂浮；折射率为1.47；硬度为4～5，会出现硬伤、牛毛纹而失亮
仿翡翠塑料	颜色均匀、呆板、不自然	无翠性；有气泡	质轻；温感；硬度小，时间稍久有硬伤和牛毛纹

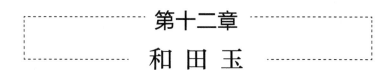

第十二章
和 田 玉

❧❧ 第一节　和田玉的特征 ❧❧

一、和田玉的基本性质

　　和田玉也称软玉，由角闪石族中的透闪石-阳起石类质同象系列的矿物所组成，主要矿物为透闪石，次要矿物为阳起石、透辉石、滑石、白云石等，其基本性质见表12-1。

表12-1　和田玉的基本性质一览表

矿物组成	透闪石
化学成分	$Ca_2（Mg，Fe）_5Si_8O_{22}（OH）_2$
结晶状态	晶质集合体
颜色	白色、灰色、浅至深绿色、黄至褐色、黑色等
光泽	油脂光泽至玻璃光泽
透明度	半透明至不透明
光性特征	非均质集合体
折射率	1.61
相对密度	2.95
莫氏硬度	6.0 ～ 6.5
紫外荧光	惰性
吸收光谱	不特征；优质绿色软玉可在红区有模糊吸收线
特殊光学效应	某些碧玉品种可见猫眼效应

二、和田玉的种类

　　和田玉可根据其产出状态和颜色的不同进行分类。

1. 按产出状态分类

和田玉根据其产出状态可分为山料、籽料、山流水料以及戈壁料（见彩12-1）。

（1）山料　产于山上原生矿床的玉料，称为山料。开采下来的玉石多呈棱角状，块度大小不同。

（2）籽料　山料经过自然风化剥离和搬运作用，滚落于河流之中，在河流中经长期的冲刷和磨蚀，最终形成的玉料，称为籽料。籽料常呈浑圆状，大小悬殊，外表可有厚薄不一的皮壳，常见"汗毛孔"或"指甲纹"。

（3）山流水料　山流水料是指山料经过自然风化剥离的残坡积或冰川堆碛的玉料。与籽料相比，山流水料通常距原生矿较近，搬运距离不远，多为次棱角状，磨圆度差，可有薄的皮壳。

（4）戈壁料　从原生矿床自然剥离，经过风化搬运至戈壁滩上，再经过长期风蚀作用所形成的玉料。

2. 按颜色分类

和田玉颜色丰富，种类繁多，常见浅至深绿色、黄色至褐色、白色、灰色、黑色。按颜色的不同可以将和田玉分为白玉、青白玉、青玉、碧玉、墨玉、青花玉、黄玉、糖玉等（见彩12-2）。

（1）白玉　纯白色至稍带灰、黄、绿等色调的和田玉，称为白玉。白玉的颜色柔和均匀，有时可带少量糖色，称为糖白玉。

（2）青玉　浅灰至深灰的黄绿、蓝绿色的和田玉，称为青玉。有些青玉可带少量糖色，称为糖青玉。青玉产量最大，常有大料出现。

（3）青白玉　青白玉的颜色以白色为基础色，介于白玉与青玉之间。有的青白玉带少量糖色，称为糖青白玉。

（4）墨玉　墨玉的颜色呈灰黑色至黑色，是由于玉中含有细微石墨鳞片所致，墨色多呈叶片状、条带状聚集，可夹杂少量白或灰白色。墨玉颜色多不均匀，若墨色中带有黄铁矿细粒，呈星点状分布，俗称"金星墨玉"。

（5）青花玉　青花玉的基础色为白色、青白色或青色，常夹杂点状、叶片状、条带状、云朵状聚集的黑色，颜色不均匀。

（6）碧玉　碧玉的颜色呈碧绿至绿色，常见菠菜绿、灰绿、黄绿、暗绿、墨绿等。碧玉颜色较柔和均匀，常含有黑色点状矿物。碧玉的主要产地为俄罗斯、加拿大，以及中国新疆玛纳斯和台湾地区，其中中国台湾产出的碧玉多具猫眼效应，被称为台湾碧玉猫眼。

（7）黄玉 淡黄至深黄色的和田玉，称为黄玉。黄玉可微泛绿色，颜色柔和均匀，主要产于新疆的若羌县。

（8）糖玉 一般情况下，如果糖色占到整件样品80%以上时，可直接称之为糖玉。颜色多呈黄褐至褐色，可为黄色、褐黄色、红色、褐红色等。

第二节 和田玉的鉴定

一、经验鉴定

和田玉的颜色有白色、青色、灰色、浅至深绿色、黄色至褐色、墨色，质地细腻，具毛毡状交织结构，以微透明为多，极少数为半透明，呈油脂光泽、蜡状光泽或玻璃光泽。和田玉硬度较高，小刀划不动，其韧性也非常好，不易破损。

和田玉成品的抛光面上常会显现毡状交织结构，即纤维状透闪石-阳起石矿物小晶体交织成疏密不等的呈不透明状的花斑；质地细腻、滋润、坚韧，难琢磨；参差状断口。

此外，和田玉的相对密度为2.95左右，与大多数其他常见玉石（翡翠除外）相比有压手的感觉。掂重法在和田玉原石和成品的鉴定中都有着广泛的应用。

根据2010年出版的珠宝玉石名称国家标准，"和田玉"一词已经不具产地意义，即商业上俗称的俄料、青海料、韩料、岫岩老玉等都可归为和田玉。然而，不同地区的和田玉由于形成环境的不同，外观颜色、内部结构上均会存在一定的差异，可根据其主要特征，采用观感结合的方式进行鉴别（见表12-2）。

需要说明的是，中国台湾花莲产出的碧玉常具有猫眼效应，称为"碧玉猫眼"（见彩12-3）。其他还有俄罗斯和我国四川产出的碧玉中也可部分具猫眼效应。碧玉中的猫眼效应主要是由其特有的纤维状结构构造所致。

表12-2　不同产地和田玉鉴别特征一览表（见彩12-4）

产地	中国新疆和田	中国青海格尔木	中国辽宁岫岩	俄罗斯贝加尔湖	韩国春川
颜色	白色、青白色、青色为主，少量黄色和黑色	白色、青白色、青色为主，略带灰色调，部分具有特征的翠绿色和烟紫色	罕见白色，以黄白色、黄色和黄绿色为主，少量黑色和青色	白色、青白色、绿色为主，常有黑色皮，偶见斑块状翠绿色	以白色为主，普遍带有淡黄色调
光泽	油脂光泽	弱玻璃光泽—蜡状光泽	油脂光泽	油脂光泽	弱玻璃光泽—蜡状光泽
透明度	微透明	半透明至微透明	微透明	微透明	微透明
质地结构	细腻；絮状物较少，往往呈长条、长丝状	较细腻；常有细脉状"水线"	较细腻；多有斑点状絮状物	较细腻；多有团块状絮状物	常有米粥状絮状物
糖色	糖色与基质之间界限清晰	散点状或浅黄褐色	糖色重且普遍存在	糖色与基质之间呈过渡关系	少见
籽料特点	量多、块小、皮薄	未发现	多数块度大并且皮厚	量少、块度较大、皮较厚	未发现
直观感受	细、润、油，具温润感、凝重感	润而不油，水性重	油润性较好；白玉较少	油而不润；特别白，有"楞白"感	细腻度一般；白度较差

二、仪器检测

和田玉的折射率为1.62（点测法）。

和田玉相对密度为2.90～3.10，通常为2.95。其中墨玉因含石墨，相对密度最小为2.66；白玉2.92；青白玉2.989；碧玉含铁质较多，相对密度较大，为3.01。

和田玉莫氏硬度为6～6.5；无紫外荧光和磷光。

某些和田玉的吸收光谱在689nm处有双重吸收线，在498nm和460nm处有2条模糊不清的吸收带，在509nm处有1条灵敏的吸收线。

小型和田玉首饰可采用静水力学法、偏光镜、折射仪、放大检查、红外光谱等手段在室内进行其相对密度、光性、折射率、结构特征和矿物组成等方面的检测。

珠/宝/鉴/定

大型和田玉雕件以往只能借助结构构造特征和使用标准硬度笔在不损害样品的部位（通常为底部）进行鉴定。随着科学鉴定仪器的研发，目前可以使用便携式红外光谱仪和拉曼光谱仪进行无损快速鉴定。

三、和田玉与相似玉石及仿制品的鉴别

市场上与和田玉相似的玉石有翡翠、蛇纹石玉、大理岩及石英岩玉等，同时常见玻璃仿制和田玉，可通过对光泽、质地的直观感受结合放大观察内部结构、硬度、折射率和密度等特征将这些玉石及仿制品区别开来。

1. 翡翠

不同颜色的翡翠与相应颜色的和田玉外观较为相似，但翡翠为纤维交织结构，透明度较高，玻璃光泽，而和田玉多为微透明至不透明，毛毡状结构，油脂至蜡状光泽。此外，翡翠的相对密度（3.33）和折射率（1.66）均大于和田玉。和田玉的硬度稍小，为6～6.5，易被石英（7）硬尖划伤，而翡翠为6.5～7，不易被石英硬尖划伤。

2. 蛇纹石玉

蛇纹石玉颜色多样（见彩13-1），可有绿色、黄色、白色、黑色和灰色等。蛇纹石玉多呈均匀细腻的致密块状，透明度较好，呈蜡状光泽至玻璃光泽，用手触摸有滑感，但没有和田玉特有的油润感觉。蛇纹石玉与和田玉均为纤维交织结构，但蛇纹石玉的纤维交织结构不均一，即无和田玉那样均匀分布的花斑，见到的仅是分布不规律的白色"云朵"；蛇纹石玉的折射率较小，为1.56，而和田玉为1.62；蛇纹石玉的相对密度较小，为2.579，在三溴甲烷中漂浮，而和田玉则下沉；蛇纹石玉的硬度变化大，为2.5～6，多能被小刀划伤，而和田玉为6.5，不能被小刀划伤。

3. 大理岩

白色大理岩（俗称"汉白玉""阿富汗玉"或"巴玉"）外观近似白色和田玉，颗粒较细，质地均匀，常见特征的条带结构，半透明，呈蜡状光泽（见彩12-5）。大理岩具等粒状结构，而和田玉为毡状交织结构。大理岩的相对密度（2.70）小于和田玉，手掂发飘。大理岩的折射率（1.48）低于和田玉，莫氏硬度（3）也较低，易于被小刀划动，有时用指甲也能刮下粉末。大理岩遇酸（稀盐酸）起泡，而和田玉无反应。

4. 石英岩玉

白色石英岩玉的外观与和田玉最为相似，尤其是将白色石英岩局部染色（见彩12-6）冒充糖白玉或者整体染色（见彩12-7）仿和田籽料，在市场上较为多见。石英岩玉颗粒细小，质地均一，放大观察呈粒状结构，半透明至微透明，但光泽为玻璃光泽，强于和田玉。石英岩玉的折射率（1.54）小于和田玉，相对密度（2.65）较小，手掂较轻。石英岩玉韧性没有和田玉好，性脆易崩裂，但莫氏硬度（7）较高。

5. 水钙铝榴石

水钙铝榴石为强玻璃光泽，而和田玉为油脂光泽；水钙铝榴石为粒状结构，而和田玉为毡状交织结构；水钙铝榴石的折射率高，为1.72。而和田玉仅为1.62；水钙铝榴石的相对密度大，多在二碘甲烷中下沉，而和田玉则漂浮。

6. 葡萄石

白葡萄石和绿葡萄石与和田玉极为相似。区别在于：白葡萄石像搪瓷一样，不透明，呈瓷状光泽，绿葡萄石呈灰绿色，透明度较好，呈玻璃光泽；但和田玉略具透明感，呈油脂至蜡状光泽。

葡萄石具放射状纤维结构和细粒状结构；而和田玉为毡状交织结构。葡萄石的近似折射率为1.63；而和田玉为1.62。葡萄石的相对密度为2.909，在三溴甲烷中悬浮，而和田玉下沉。

7. 玻璃

玻璃是市场上最为常见的白玉或碧玉仿制品，俗称"料器"。仿和田玉玻璃多呈半透明状，质地极为均匀纯净，通常可见气泡（见彩12-8），小刀能刻动。玻璃表面可见洞穴、流动线纹，断口呈贝壳状。此外，玻璃热导率低，触摸有温感，感觉不如和田玉凉。

值得注意的是，市场上最新出现的玻璃仿制品与高档白玉非常相似，半透明至不透明，内部均匀纯净，没有气泡、漩涡纹等特征，而且其硬度较高，小刀刻不动，有一定的油性和温润感，需要格外小心。可通过折射率、相对密度及红外光谱等特征的不同进行区别。

四、优化、处理和田玉的鉴别

目前市场上常见的和田玉优化、处理方法有浸蜡、染色、拼合、磨圆及

"做旧"等（见彩12-9）。

1. 浸蜡

以无色蜡或石蜡充填和田玉表面裂隙称为浸蜡，属于优化范畴。浸蜡和田玉多呈蜡状光泽，热针靠近可见蜡熔化，红外光谱检测显示有机物吸收峰。

2. 磨圆处理

磨圆处理是将粗加工的山料放入滚筒中，加入卵石和水滚动磨圆来仿籽料，俗称"磨光籽"。磨圆较差者反射光下隐约可见棱面；磨圆较好者表面光洁度较高，无天然籽料表面的"汗毛孔"特征，磨圆料上有时可见新鲜裂痕或抛光痕。需注意某些磨圆处理的和田玉会再经喷砂处理模仿"汗毛孔"，但这种假"汗毛孔"深浅相同、分布均匀，较不自然。

3. 染色处理

染色处理是将和田玉整体或部分进行染色，表面常染成褐红、棕红至黄等色，仿带皮的和田玉籽料或糖玉，用放大镜观察可见染料沿粒隙分布于浅表面。

4. 拼合处理

拼合处理的和田玉通常将糖玉或其他有色玉片贴于白玉表面，然后将多余部分去掉，剩余部分组成所要表现的图案，用来仿俏色浮雕或和田玉的天然有色皮。拼合处理的鉴定特征是有色部分的颜色与基底的颜色截然不同，仔细观察可见拼合痕迹。

5. "做旧"处理

"做旧"和田玉主要用于仿古玉（见彩12-10），是通过酸碱处理及染色加温等步骤，使现代和田玉制品表面形成不同的"沁色"（即出土古玉因埋藏年代久远，受到各种侵蚀作用而形成的表面色），如土黄色的"土沁"、红色的"血沁"、黑色的"水银沁"、灰白色的"石灰沁"等。经"做旧"处理的玉石主要从颜色、造型、所仿朝代的加工工艺及纹饰特征等方面进行鉴定，属于文物鉴定范畴，在这里不做赘述。

第十三章
蛇纹石玉、独山玉

第一节　蛇纹石玉的鉴定

一、蛇纹石玉的基本性质

蛇纹石玉是指达到了玉石级的主要由蛇纹石类矿物组成的矿物集合体，主要矿物为蛇纹石，一般含量＞95%，次要矿物有方解石、滑石、磁铁矿、白云石、金云母、透闪石、铬铁矿等，其基本性质见表13-1。

表13-1　蛇纹石玉的基本性质一览表

矿物组成	蛇纹石
化学成分	$(Mg, Fe, Ni)_3Si_2O_5(OH)_4$
结晶状态	晶质集合体
颜色	绿色至绿黄色、白色、棕色、黑色
光泽	蜡状光泽至玻璃光泽
透明度	绝大多数为半透明至不透明
光性特征	非均质集合体
折射率	1.56～1.57
相对密度	2.57
莫氏硬度	2.5～6.0
紫外荧光	长波：无至弱，绿色；短波：惰性
吸收光谱	不特征
特殊光学效应	猫眼效应（罕见）

二、蛇纹石玉的种类

蛇纹石玉颜色多样、产地分布广泛，因此商业上通常依据颜色或产地进行分类。

1. 按颜色分类

蛇纹石玉的颜色多种多样（见彩13-1），按基本色调可分为绿色、黄色、白色、黑色和灰色等颜色系列，此外还有多种颜色同时出现在同一块蛇纹石玉上的多色蛇纹石玉品种（俗称花玉）。

绿色系列包括浅绿色、黄绿色、绿色、深绿色、墨绿色；

黄色系列包括浅黄色、黄色、柠檬黄色；

白色系列包括白色、乳白色、黄白色、灰白色；

黑色系列包括灰黑色、黑色；

灰色系列包括浅灰色、灰色、青灰色、黑灰色。

2. 按产地分类

蛇纹石玉也常常根据产地而定名（见彩13-2），国内产出的蛇纹石玉主要有产于辽宁岫岩县的岫玉、甘肃省酒泉市的酒泉玉（又名"祁连玉"）、广东省信宜市的信宜玉（俗称"南方玉"）、昆仑山脉的昆仑岫玉、广西省陆川县的陆川玉、四川省会理县的会理玉、山东省莒南县的莒南玉和泰安市的泰山玉、北京的京黄玉、青海省都兰县的都兰玉、台湾花莲县的台湾岫玉等，国外产出的有新西兰的鲍文玉、美国宾夕法尼亚州的威廉玉、朝鲜的朝鲜玉（又称"高丽玉"）、墨西哥雷科的雷科石等。

除此之外，还有一种较为罕见的具有猫眼效应的蛇纹石玉，主要产于美国加利福尼亚州，近年来，在中国泰安也发现了具有猫眼效应的泰山玉。

辽宁岫岩产的岫玉可按产状分为山料玉和河料玉。山料玉是从山地里原生蛇纹石玉矿采掘出的玉料；河料玉，俗称岫玉河磨玉，是指产于河谷泥沙砾石层中的蛇纹石玉砾石，一般呈球状或近球状，普遍发育灰白色或黄褐色的风化外皮。

三、蛇纹石玉的鉴定

常见的蛇纹石玉主要有黄绿色、深绿色、绿色、灰黄色、白色、棕色、黑色及多种颜色的组合，光泽多呈蜡状至油脂或玻璃光泽，半透明状。蛇纹石玉的组成矿物十分细小，质地较为细腻，为叶鳞片-纤维状变晶结构和纤维网斑状结构，肉眼观察时很难分辨其颗粒，参差状断口。放大检查，蛇纹石玉内部可见黑色包裹体、白色云朵状或苔藓状包裹体。蛇纹石玉的硬度较低，易磨损，手摸有滑感，通常可以被小刀划动。

不同产地的蛇纹石玉的特征略有差异，详细特征见表13-2。

表13-2　国内外产地蛇纹石玉特征

名称	特征
岫玉	多呈淡绿色、黄绿色、墨绿色、黄色和白色等，颜色均匀，很少有杂色，蜡状至油脂或玻璃光泽，外观呈半透明至近透明的胶冻状，肉眼可见分布不均匀的丝絮及不透明的云朵状白斑结构
酒泉玉	暗绿色至黑绿色，颜色不均，常含有黑色斑点或团块以及黑绿色条带等，半透明至微透明
信宜玉	绿色至深黄绿色，颜色不均，常有浓艳的黄、绿色斑块，不透明至微透明
昆仑岫玉	多呈暗绿色、淡绿色、黄绿色、淡黄色、灰色和白色等，绿色中常伴有褐红、黄红、黄、绿、白、黑等色，半透明至不透明
陆川玉	可为带浅白色花纹的翠绿色至深绿色，微透明至半透明的较纯蛇纹石玉；或为青白色至白色，具丝绢光泽，微透明的透闪石蛇纹石玉
会理玉	黑绿色，结构致密，微透明至不透明
京黄玉	黄色，结构致密，半透明
都兰玉	具竹叶状花纹构造，又名"竹叶状玉"，微透明至不透明
泰山玉	碧绿色、黑色，常含黑黄色斑点或白色条带，半透明至不透明
台湾岫玉	黄绿至暗绿色，常有黑点和条纹，半透明
鲍文玉（Bowenite）	微绿白至淡黄绿色，玻璃光泽，半透明
威廉玉（Williamsite）	浓绿色，颜色不均常含有黑色斑点，半透明
朝鲜玉（Korea Jade）	鲜艳的黄绿色，近透明，肉眼可见不透明的"云朵状"白斑

四、蛇纹石玉与相似宝玉石的鉴别

与蛇纹石玉相似的玉石有和田玉、翡翠、玉髓、葡萄石、水钙铝榴石等，可通过折射率、硬度、相对密度等宝石学特征进行区别。

1. 和田玉

蛇纹石玉与和田玉在颜色上有很大不同，蛇纹石玉颜色较丰富，常呈黄绿色、黄色、白色、黑色、绿色、灰色等且有多色品种（见彩12-1）。和田玉多为白色、黄色、糖色、青色等单色品种（见彩12-1）。和田玉为毛毡状结构，油脂光泽，而蛇纹石玉多为蜡状光泽。和田玉的相对密度（2.95）及折射率（1.62）均大于蛇纹石玉，莫氏硬度（6～6.5）也较大，小刀划不动。

2. 翡翠

翡翠具有变斑晶交织结构，比蛇纹石玉的结构稍粗，且前者光泽较强。另外，翡翠的折射率（1.66）、相对密度（3.34）、莫氏硬度（6.5～7）都高于蛇纹石玉。在放大检查中，可发现翡翠有解理面的闪光（翠性），而蛇纹石玉没有。

3. 玉髓

玉髓为隐晶质，非常细腻，肉眼看不见晶粒。玉髓的折射率（1.53～1.54）略低于蛇纹石玉，但莫氏硬度（6.5～7）较高，不能被小刀划动。此外，放大检查，绿玉髓内部较为纯净（见彩15-2）。

4. 葡萄石

葡萄石具特征的放射状纤维结构，而蛇纹石玉则为纤维网斑状结构，可见白色不透明的斑点。葡萄石莫氏硬度较大（6～6.5），小刀不能刻划，且折射率（1.63）也比蛇纹石玉要高（见彩13-3）。

5. 水钙铝榴石

肉眼观察水钙铝榴石可发现其粒状结构及黑色斑点，绿色或红色呈点或块状分布。在宝石偏光镜下，水钙铝榴石为均质集合体，故呈全暗现象，而蛇纹石玉为非均质集合体故而全亮；查尔斯滤色镜下，绿色水钙铝榴石有紫红色斑点，而蛇纹石玉无变色现象。水钙铝榴石的折射率（1.72）、相对密度（3.15～3.55）较高，莫氏硬度（7）较大，且光泽较强，因此与蛇纹石玉区别。

五、优化、处理蛇纹石玉的鉴别

蛇纹石玉的优化、处理主要有浸蜡、染色、做旧处理等方法。

1. 浸蜡

用无色蜡充填蛇纹石玉中的裂隙或缺口，以改善外观，一般较稳定，蜡状光泽，热针检测可有"出汗"现象。

2. 染色处理

染色蛇纹石玉是对蛇纹石玉进行加热淬火处理，使其产生裂隙，然后浸泡于染料中进行染色，可染成各种颜色。经染色的蛇纹石玉很容易识别，用肉眼或放大镜即可看到染料沿裂隙分布（见彩13-4），铬盐染绿者的吸收光谱可见650nm吸收带。

3. 做旧处理

我国古代玉器用材主要以和田玉、蛇纹石玉为主，因此现代做旧仿古玉器一般玉料为蛇纹石玉中质地较粗者。做旧的方法主要有熏、烤、烧、煮、炸、蚀、沁色等，有的还将玉器在黄土中埋藏一定时间，或者人工制成残缺状来仿古玉。做旧玉器主要从出土玉器或传世玉器当时的文化背景、玉材玉质、纹饰及工艺水平等方面进行鉴别。古玉的鉴别属于文物鉴别范畴，在此不再一一赘述。

❦❧ 第二节　独山玉的鉴定 ❦❧

一、独山玉的基本性质

独山玉是一种黝帘石化的斜长岩，主要矿物为斜长石（钙长石）和黝帘石，次要矿物为铬云母、透辉石、角闪石、绿帘石、黑云母、阳起石和绢云母等。独山玉的基本特征见表13-3。

表13-3　独山玉基本性质一览表

矿物组成	斜长石（钙长石）和黝帘石
化学成分	钙长石 $CaAl_2Si_2O_8$，黝帘石 $Ca_2Al_3(SiO_4)_3(OH)$
结晶状态	晶质集合体
颜色	白色、绿色、紫色、青色、红色、黄色、黑色及其混合色和过渡色
光泽	油脂光泽至玻璃光泽
透明度	半透明至微透明
光性特征	非均质集合体
折射率	1.56～1.70
相对密度	2.90
莫氏硬度	6～7
紫外荧光	无至弱，蓝白、褐黄、褐红色

二、独山玉的种类

独山玉主要依据颜色划分品种，主要有白独玉、红独玉、绿独玉、黄独玉、褐独玉、青独玉、黑独玉和花独玉（见彩13-5）。独山玉各品种的识别特征见表13-4。

表13-4　独山玉的品种及识别特征

名称	颜色	主要矿物组成	其他
白独玉	乳白色或带灰的白色	斜长石、黝帘石、绿帘石、透辉石、绢云母	质地细腻；玻璃或油脂光泽；半透明
红独玉	粉红色或芙蓉色	黝帘石、斜长石、绿帘石、透辉石	玻璃光泽；半透明
绿独玉	翠绿、绿和蓝绿色	斜长石、铬云母、黑云母	玻璃光泽；半透明；粗看颇似翡翠，但绿色的是片状铬云母
黄独玉	褐黄、黄绿或橄榄绿色	斜长石、黝帘石、绿帘石、楣石、金红石	玻璃光泽；微透明
褐独玉	呈酱紫、褐色和亮棕色	斜长石、黝帘石、黑云母	玻璃光泽；微透明
青独玉	青色或深蓝色	斜长石、辉石	玻璃光泽；微透明
黑独玉	黑色、墨绿色	斜长石、黝帘石、绿帘石	玻璃光泽；不透明至微透明
花独玉	多呈白、绿、黄、紫相间的条纹、条带以及绿豆花、菜花和黑花等	斜长石、黝帘石、绿帘石、铬云母、黑云母	玻璃光泽；不透明至半透明

1. 白独玉

白色、乳白色的独山玉，常为半透明至微透明或不透明。依透明度及质地的不同，商业上又可分为透水白、油白和干白3个品种。

2. 红独玉

粉红色或芙蓉色的独山玉，其颜色深浅不一，一般为微透明至不透明，与干白独玉有一定的过渡关系。

3. 绿独玉

翠绿色、蓝绿色、灰绿色、黄绿色的独山玉，常与白色独玉相伴，颜色分布不均，多呈不规则带状、丝状或团块状分布，透明度从半透明至不透明。依颜色色调不同又分为翠绿、天蓝、灰绿、绿白、黄绿独玉等多个品种。

4. 黄独玉

为深浅不同的黄色或褐黄色独山玉，常呈半透明，其中常有白色或褐色团块，并与之呈过渡色。

5. 褐独玉

也称酱独玉，呈暗褐色、灰褐色、黄褐色，深浅表现不均，常呈半透明状，与灰青及绿独玉呈过渡状态。

6. 青独玉

青色、灰青色、蓝青色的独山玉，常表现为块状、带状，不透明。

7. 黑独玉

黑色、墨绿色的独山玉，颗粒较粗大，常为块状、团块状或点状，透明度较差，常与白独玉相伴。

8. 花独玉

花独玉为独山玉特有的品种，通常为两种或两种以上颜色共存，分布面积大致均等，多为白色、绿色、黄色、青色、紫色相间的条纹、色带以及各种颜色相互浸染渐变过渡出现于同一块玉料上，不透明至半透明。

三、独山玉的鉴别特征

独山玉最典型的特征就是复杂多变的颜色组合及分布特征。独山玉有30余种色调，故有"多色玉名"之称。独山玉颜色不均，其主色有白、绿、紫、黄（青）红和黑色等，其颜色主要取决于组成的矿物，即矿物组合不同，其颜色就不同。

独山玉颜色鲜艳而混杂，原料或成品上常见同一块玉上呈现出两种或两种以上的颜色，甚至很小的戒面上亦会出现褐、绿、白三色并存，其中紫褐色和斑杂色是独山玉的独有特点。

独山玉常呈致密块状和细粒状结构，微透明到半透明，颗粒较粗的独山玉可见解理和晶粒界面的反光。由于硬度较高，绝大多数独山玉呈玻璃光泽，少数如油白独玉呈油脂光泽。独山玉的莫氏硬度（6～7）较大，用小刀刻不动，相对密度2.90，性脆。由于独山玉的矿物组成较为复杂，所以其折射率跨度较大，为1.56～1.70。

此外，绿色独山玉在查尔斯滤色镜下变红。

四、独山玉与相似玉石的鉴别

与独山玉相似的玉石主要有翡翠、软玉、石英质玉石、岫玉及大理岩等，可根据其特征的颜色分布、细粒结构、透明度及折射率、相对密度、莫氏硬度等特征将这些玉石鉴别出来。鉴别特征见表13-5。

表13-5 独山玉与相似玉石鉴别特征一览表

名称	颜色	折射率	相对密度	莫氏硬度	结构特征	其他
独山玉	白、绿、褐及杂色	1.56～1.70	2.90	6～7	粒状结构	色杂不均匀
翡翠	绿、红、黄、紫、白	1.66	3.33	6.5～7	变斑晶交织结构，韧性大，有翠性	颜色不均，光泽强
软玉	白、绿、黄、墨绿	1.61	2.95	6～6.5	毛毡状或纤维交织结构，韧性大，质地细腻	颜色均匀，油脂光泽
岫玉	白、翠、黄绿、黄	1.56	2.57	2.5～6	纤维状网格结构，性脆	颜色均一，油脂光泽
钙铝榴石	白、翠绿、暗绿	1.74	3.61	7～7.5	粒状结构，绿色呈点状嵌在白底上	颜色不均，光泽强
水钙铝榴石	浅黄绿、绿	1.69	2.90	6.5～7	粒状结构，有较多黑色斑点和斑块	颜色均一，玻璃光泽
东陵石	褐红、蓝绿、灰绿	1.54	2.66	7	可见闪光的铬云母片状矿物，粒状结构	硬度大
绿玉髓	绿、浅绿	1.54	2.60	7	质地细腻，缺少翠性	蜡状光泽，颜色均一
密玉	黄绿	1.54	2.60	7	质地细腻，缺少翠性	蜡状光泽，颜色均一
天河石	淡绿、天蓝	1.53	2.56	6～6.5	细粒状结构，可见钠长石条纹	颜色不均一
大理岩	白、浅黄绿	1.48	2.70	3	粒状结构，可见条纹	遇盐酸起泡

1. 翡翠

翠绿色独山玉的颜色可与翡翠相近，但大多数绿色独山玉的颜色呈条带状分布，色调偏蓝偏灰，不够鲜艳，而翡翠的颜色比独山玉艳丽明快（见第11章相关彩图）。翡翠的相对密度（3.33）、折射率（1.66）均与独山玉不同，且为变斑晶交织结构，致使韧性高于独山玉。

2. 软玉

软玉多为毛毡状或纤维交织结构，油脂光泽，结构细腻，质地温润，颜色较均匀单一，多为白色、黄色、青色、菠菜绿色（见第12章相关彩图），少见翠绿色，韧性远高于独山玉。

3. 岫玉

岫玉的硬度、相对密度，折射率均低于独山玉，岫玉颜色多样，均匀单一，很少出现色带，结构细腻，透明度较高，可与独山玉区别。

4. 钙铝榴石、水钙铝榴石

钙铝榴石与水钙铝榴石均为粒状结构，绿色呈点或块状分布。水钙铝榴石常含黑色斑点。

5. 石英质玉石

石英质玉石有显晶质和隐晶质之分，其折射率和相对密度均低于独山玉且颜色均匀。显晶质玉石（如东陵石、密玉等）结构与独山玉较为相似，隐晶质玉石（如玛瑙、玉髓等）结构细腻，透明度较高（见第15章相关彩图）。

6. 天河石

天河石又称"亚马逊石"，是一种绿色至蓝绿色的长石，常见绿色或蓝色与白色形成格子或条纹，并可见解理面闪光。天河石的折射率、相对密度均比独山玉低。

7. 大理岩

大理岩，属于碳酸盐类玉石，多为白色和黄绿色，遇酸产生气泡。大理岩的硬度、相对密度，折射率均低于独山玉。

第十四章
绿松石、青金石、孔雀石

❧❧ 第一节　绿松石的鉴定 ❧❧

一、绿松石的基本性质

绿松石是一种含水的铜铝磷酸盐，常与埃洛石、高岭石、石英、云母、褐铁矿、磷铝石等共生。绿松石基本性质见表14-1。

表14-1　绿松石基本性质一览表

矿物组成	绿松石
化学成分	$CuAl_6(PO_4)_4(OH)_8 \cdot 5H_2O$
结晶状态	晶质体——三斜晶系；常呈隐晶质集合体
颜色	浅至中等蓝色、绿蓝色至绿色，常有斑点、褐黑色网脉（铁线）或暗色矿物杂质
光泽	土状、蜡状、油脂或瓷状光泽
透明度	单晶体透明至半透明；集合体不透明
光性特征	非均质集合体
折射率	1.61
相对密度	2.76
莫氏硬度	5～6
紫外荧光	长波：无至弱，淡黄绿色 短波：惰性
吸收光谱	偶见432nm、420nm、460nm吸收带

二、绿松石的种类

目前珠宝界对于绿松石品种的划分，没有严格的标准。通常，可分别按照颜色、结构和质地对绿松石进行分类。

1. 按颜色分类

绿松石的颜色可分为蓝色、绿色、杂色三大类（见彩14-1）。

蓝色包括蔚蓝、蓝；绿色包括深蓝绿、灰蓝绿、绿、浅绿以至黄绿；杂色包括黄色、土黄色、月白色、灰白色。

2. 按结构分类

（1）晶体绿松石　一种透明的绿松石晶体（见彩14-2），极罕见，仅产于美国弗吉尼亚州，琢磨后的透明宝石重量不足1克拉。

（2）块状绿松石　呈块状的绿松石（见彩14-3），结构既可有致密者，也有受到不同程度的风化而变得疏松者，局部可呈球形、椭球形、葡萄形、枕形等形态，大小不等。块状的绿松石为首饰及玉雕的主要材料，相当常见。

（3）铁线绿松石　绿松石中有黑色细脉呈网状分布，使蓝色或绿色绿松石呈现有黑色龟背纹、网纹或脉状纹的绿松石品种，被称为铁线绿松石（见彩14-4）。

3. 按质地分类

（1）瓷松　质地最硬的绿松石（莫氏硬度为5.5～6），色泽艳丽，质地细腻，坚韧而光洁。因断口近似贝壳状，抛光后的光泽质感均很似瓷器，故得名（见彩14-5）。

（2）硬松　颜色从蓝绿到豆绿色，莫氏硬度在4.5～5.5，比瓷松略低，质地较细腻（见彩14-6）。

（3）泡松　又称"面松"，呈淡蓝色到月白色，莫氏硬度在4.5以下。因为这种绿松石软而疏松，只有较大块者才有使用价值（见彩14-7）。

三、绿松石的鉴别特征

绿松石玉（简称"绿松石"）的主要组成矿物是绿松石，次要矿物有埃洛石、高岭石、石英、云母、褐铁矿、磷铝石等，常见颜色为浅至中等蓝色、绿蓝色至绿色，其独特的颜色被称为绿松石色。绿松石通常呈块状，不透明，蜡状光泽，抛光较好，结构致密可达玻璃光泽，较疏松者呈土状光泽。绿色、蓝色的基底上常可见一些细小不规则的白色纹理和斑块及褐色、黑褐色的纹理或网脉和色斑，称为铁线。

放大检查，绿松石块体中含有石英、黄铁矿和褐铁矿等包裹体，呈白、黄和黑色斑点或线纹。

绿松石在酸中可缓慢溶解。绿松石失水后易失去颜色，且多孔隙者易吸水或被有机溶剂污染。

四、绿松石与相似宝石及仿制品的鉴别

随着优质矿藏逐渐减少，高质量绿松石的价值也逐年增加，对于喜爱绿松石的消费者来说，将绿松石与相似宝石和仿制品区别开来至关重要。鉴别特征见表14-2。

表 14-2　绿松石与相似宝石及仿制品鉴别一览表

品种	折射率	相对密度	莫氏硬度	鉴别特征
绿松石	1.61	2.40～2.90	5～6	白色斑点及褐黑色铁线
硅孔雀石	1.50	2.00～2.40	2～4	透明度高，颜色比绿松石鲜艳
天河石	1.52～1.53	2.54～2.58	6～6.5	亮绿或蓝绿至浅蓝色，常见绿色和白色网格状色斑
三水铝石	1.58～1.56	2.30～2.44	2.5～3.5	玻璃光泽，性脆，颜色较浅，染色并充塑者可用红外光谱补充鉴定
磷铝石	1.58	2.40～2.60	3.5～5	性脆，结晶较粗，呈柱状的矿物颗粒
染色羟硅硼钙石	1.59	2.50～2.59	3～4	颜色集中于网脉中或表层，滤色镜下呈粉色或红色
染色菱镁矿	1.60	2.90～3.13	4～4.5	裂隙处颜色加深，不具白色条纹、斑块和褐色条纹
玻璃	多变	2.30～3.50	多变	可见气泡、旋涡纹，贝壳状断口

目前市场上常见的与绿松石相似的宝石有硅孔雀石、天河石、三水铝石等，绿松石仿制品有染色三水铝石、染色羟硅硼钙石、染色菱镁矿、玻璃等，可通过放大观察结合测定折射率、密度等参数将其鉴别。这些相似宝石与仿制品的红外光谱也与绿松石有较大差别。

1. 硅孔雀石

硅孔雀石是一种含水的铜铝硅酸盐，常为隐晶质集合体，呈钟乳状、皮壳

状、土状，绿色、浅蓝绿色，蜡状光泽、土状光泽、玻璃光泽。

硅孔雀石外表与绿松石极相似，但硅孔雀石具有比绿松石鲜艳的绿色、蓝绿色，并为亚透明（见彩14-8），且折射率、密度、硬度均比绿松石低。

2. 天河石

天河石又称亚马逊石，是一种绿色至蓝绿色的长石，多呈绿色和白色格子状、条纹状或斑纹状，并可见解理面闪光（见彩14-9）。天河石的折射率、相对密度均比绿松石低，但硬度比绿松石高，且光泽较强，多为玻璃光泽。

3. 染色三水铝石

三水铝石是一种铝的氢氧化物矿物，与绿松石共生，呈白色、浅绿色，集合体呈结核状、皮壳状（见彩14-10）。三水铝石外观与绿松石易混淆，但少有天蓝色，且为玻璃光泽，脆性大，易崩落，而绿松石则韧性较大，同时其硬度、密度均低于绿松石。

较难鉴定的是染色同时被塑料充填后的三水铝石。这种三水铝石可具有绿松石的天蓝色，韧性加大，外表与绿松石更加接近，须准确测定其密度才可将其与绿松石区分开。另外在红外光谱中三水铝石具有与绿松石不同的吸收谱。

4. 磷铝石

磷铝石可为无色、白色、浅红、绿、黄、天蓝色，常呈皮壳状、结核状、块状集合体（见彩14-11）。磷铝石的折射率和相对密度均与绿松石不同，且不会表现出优质绿松石所具的优美蓝色。

5. 染色羟硅硼钙石

羟硅硼钙石又称软硼钙石，白色、灰白色的块状集合体，常具深灰色和黑网脉，俗称白松石（见彩14-12），其折射率、相对密度等均低于绿松石，长波紫外光下呈褐黄色，短波紫外光下为弱至中等的橙色。

羟硅硼钙石易于着色，常染成绿色仿绿松石，放大检查可见颜色集中于网脉中，会褪色，滤色镜下呈粉或红色。

6. 染色菱镁矿

菱镁矿是一种碳酸盐矿物，白色或浅黄白色。未染色的菱镁矿通常不会与绿松石相混，但市场上经常出现染色菱镁矿，在外表上与绿松石相似。

染色菱镁矿具有较高的密度，较低的折射率，放大检查可见绿色集中于菱镁矿的颗粒间，在裂隙处颜色变深，不具有白色条纹。有时可见到用黑色沥青等物质充填在裂隙或孔洞中模仿绿松石的褐黑色纹（见彩14-13）。

7. 蓝绿色玻璃

不透明的蓝绿色玻璃也可以用来模仿绿松石，但是两者的折射率明显不同。玻璃具有玻璃光泽、贝壳状断口，内部可见气泡和旋涡纹。

五、合成、再造与优化、处理绿松石的鉴别

优质绿松石原料日益缺乏，促进了合成、再造绿松石的出现，质量一般的绿松石也常见用注塑、注蜡以及染色等人工处理方法美化外观，需小心检查辨别。合成、再造与优化、处理绿松石的鉴别特征见表14-3。

表14-3 合成、再造及优化、处理绿松石鉴别一览表

品种	鉴别特征
合成绿松石	放大检查可见浅色基底中大量细小蓝球及仅存在于表面的人造铁线
再造绿松石	具典型的粒状结构，放大检查可见清晰的颗粒界限及染料堆积
浸蜡	热针接近表面几秒后，可见蜡会渗出表面，有"出汗"现象
染色处理	颜色常呈深蓝绿或深绿色，分布均匀、不自然，但可见裂隙处颜色加深；染色绿松石颜色很浅，蘸氨水的棉球擦拭可掉色
注塑	折射率一般低于1.61；相对密度较低为2.0～2.48；莫氏硬度一般为3～4，易出现刮痕；热针实验会产生特殊辛辣气味，而且会有烧痕

1. 合成绿松石

由吉尔森生产的"合成"绿松石1972年面市，它被认为是原材料再生产的产品，而不是真正意义的人工合成品，合成绿松石通常为较均匀、较纯净的材料，但也可含有杂质成分。

合成绿松石（见彩14-14）成分单一，颜色分布均匀，一般无铁线，放大观察浅色基底中可见细小蓝色微粒、蓝色丝状包裹体及人工加入的黑色网脉。人造铁线纹理分布在表面，仅表现出几条生硬的细脉，一般不会内凹，绝无天然绿松石中千变万化的构图，天然绿松石铁线往往是内凹的。而且合成绿松石折射率比天然绿松石低。

2. 再造绿松石

又称压制绿松石，是由一些绿松石微粒、蓝色粉末材料在一定温度和压力

下压结而成。再造绿松石外表像瓷器，放大可见明显的晶质粒状结构、清晰的颗粒轮廓和蓝色染色粉末，相对密度随成分变化为2.0～2.7。再造绿松石的红外吸收光谱中具有典型的1725cm⁻¹的吸收峰，为塑料黏结剂的吸收峰。

3. 优化、处理绿松石

颜色质地不佳的绿松石，常进行人工优化处理，以改善其颜色和外观。

（1）浸蜡　表面浸蜡用来封住细微的孔洞，可以防止绿松石失水并加深绿松石的颜色。此种绿松石呈蜡状光泽，密度低、热针靠近会"出汗"，长时间太阳暴晒或受热后会褪色，红外光谱上有蜡峰。浸蜡的绿松石可归于优化范畴。

（2）染色处理　将绿松石浸于无机或有机染料中，将浅色或近白色的绿松石染成所需的颜色，并用黑色液状鞋油等材料染色，模仿暗色基质，但颜色不自然，过于均匀，与颜色较深的裂隙没有过渡，与纯天然绿松石有明显的差别。部分染色绿松石用氨水擦拭会掉色，见彩14-15。

（3）注塑处理　注塑包括无色或有色塑料的注入，有时也添加着色剂。通过注塑可以弥补孔洞，以提高绿松石的稳定性并改善外观。这种处理方法在市面上极为常见。

注塑绿松石的折射率较低，其较低的相对密度和硬度与其几近完美的外表相互矛盾，通常天然产出的高质量绿松石的结构较为致密，相对密度和硬度均较高。热针测试会产生特殊气味和烧痕。

另外，注塑绿松石的红外光谱中可出现由塑料引起的1450cm⁻¹和1500cm⁻¹间的强吸收，较新出现的注塑绿松石中可出现1725cm⁻¹的强吸收带。

第二节　青金石的鉴定

一、青金石的基本性质

青金石是一种以青金石矿物为主的多矿物集合体，可含有黄铁矿、方解石、方钠石和蓝方石等矿物，有时可含少量透辉石、云母、角闪石等矿物。常

见深蓝色的青金石集合体中分布有白色方解石和星点状黄铁矿。青金石的基本
性质见表14-4。

表14-4 青金石基本性质一览表

矿物组成	青金石
化学成分	$(Na，Ca)_8(AlSiO_4)_6(SO_4，Cl，S)_2$
结晶状态	晶质集合体
颜色	深蓝色、紫蓝色、天蓝色、绿蓝色等
光泽	油脂光泽至玻璃光泽
透明度	微透明至不透明
光性特征	均质集合体
折射率	1.50
相对密度	2.75
莫氏硬度	5～6
紫外荧光	长波：方解石包裹体可发粉红色； 短波：弱到中等的绿色或黄绿色
其他	查尔斯滤色镜下呈赭红色

二、青金石的鉴定特征

青金石的外观特征，为深蓝色、紫蓝色、天蓝色、绿蓝色，通常在蓝色
（青金石）基底上伴有黄色（黄铁矿）星点和白色（方解石）斑块，微透明至
不透明，油脂光泽至玻璃光泽（见彩14-16）。

放大检查可见青金石呈粒状结构，内部可含黄色星点状黄铁矿、白色斑点
状或条带状方解石，有时还含有透辉石等矿物包裹体。

点测法测得青金石的近似折射率为1.50，当含透辉石较多时，其折射率为
1.68；青金石的相对密度为2.75，在三溴甲烷中漂浮。

此外，青金石中的方解石可与酸反应，产生气泡。

三、青金石与相似宝石的鉴别

在市场上有些宝石常用来仿青金石，主要有方钠石、蓝铜矿、天蓝石、
染色玉髓、染色大理岩等，可通过青金石独特的颜色分布和粒状结构来进行
鉴别。

1. 方钠石

方钠石（见彩14-17）多为蓝色，且常含白色条纹或色斑，因此与青金石

外观相近。然而，方钠石的颗粒明显比青金石的粗大；放大检查有时可见方钠石的解理面，而青金石无解理；方钠石常呈不规则斑块状，且一般不含黄铁矿，而青金石常有黄铁矿斑点；方钠石的相对密度（2.15～2.40）比青金石小，手感较轻。

2. 蓝铜矿

蓝铜矿多为深蓝色、天蓝至深蓝色，常以放射状、块状纤维状、钟乳状和土状集合体形式存在，呈玻璃光泽，半透明至不透明。性脆，可溶于酸，莫氏硬度为3.5～4，比青金石软，易于抛光。折射率（1.73～1.83）比青金石高。相对密度为3.7～3.9，手掂较重。紫外荧光下惰性。

3. 天蓝石

天蓝石常见蓝色、紫蓝色，含白色斑点，呈粒状、致密块状集合体，玻璃光泽，半透明至不透明。折射率为1.612～1.643，相对密度为3.09，均比青金石高。莫氏硬度为5～6，与青金石相近。紫外荧光下惰性，可微溶于盐酸。

表14-5除归纳以上相似宝石特征外，还收录了青透辉石和蓝线石石英的鉴别特征，可对照进行鉴别。

表14-5　青金石与相似玉石的鉴别特征

名称	折射率	相对密度	莫氏硬度	识别特征	其他
青金石	1.50	2.75	5～6	细粒状结构；颜色较均一，含黄色星点状黄铁矿、白色斑点状或条带状方解石	质地较细腻；不平坦粒状断口
方钠石	1.48	2.25	5～6	粗粒结构；质地较粗；颜色不均一，蓝底上常见白或深蓝色的斑痕，多见白或粉红色细脉	可见结晶完好的方钠石小晶体及不完全解理面
蓝铜矿	1.73	3.80	3.5～4	葡萄状构造；遇盐酸起泡	密度和折射率高
天蓝石	1.62	3.09	5.5～6	呈中等蓝色，含白色斑点	密度、折射率高
青透辉石	1.68	3.29	5.5～6	505nm 吸收线	
蓝线石石英	1.54	2.66	7	石英中有深蓝色蓝线石包裹体	

四、青金石与仿制品的鉴别

青金石仿制品的品种主要有染色大理岩、瑞士青金（染色碧石）、焰色青金（染色蛇纹石玉）、着色青金（合成尖晶石）和料仿青金（金星石）等，见表14-6对照青金石仿制品的鉴别特征。

表14-6对照青金石仿制品的鉴别特征。

表14-6　青金石仿制品的鉴别特征

名称	折射率	相对密度	莫氏硬度	识别特征	其他
染色大理岩	1.50	2.70	3	裂隙处颜色集中；蓝色分布于粒状方解石的四周，颗粒中心无色	遇盐酸起泡；偏光镜下全亮
瑞士青金（染色碧石）	1.54	2.66	6.5～7	裂隙处颜色集中；抛光良好	贝壳状断口
着色青金（合成尖晶石）	1.73	3.64	8	抛光良好，光泽强；一般无瑕疵，偶见气泡	黄色星点很软，能被针扎破
料仿青金（金星石）	1.54	2.66	6.5	气泡；漩涡构造；铸模痕迹	贝壳状断口；玻璃光泽
炝色青金（染色蛇纹石玉）	1.56	2.57	2～6	裂隙处颜色集中	

1. 染色碧石

是指染成蓝色的碧石，也称瑞士青金石。碧石的不同部位孔隙变化较大，导致染料分布不均匀，因而看上去颜色不均匀。碧石中还常有同心圈纹存在，染料会使这种纹理更加突出，而青金石中是不可能有同心圈纹存在的。染色碧石其内部不含黄铁矿，易于青金石区分。

2. 染色大理岩

染色大理岩是指染成蓝色的白色大理岩。大理石是粒状结构，仔细观察其颜色的分布，便会发现蓝色染料富集在颗粒边缘及裂隙中，而且染色大理岩中见不到黄铁矿。

五、合成及优化、处理青金石的鉴别

近些年，在一些国际著名珠宝品牌（蒂芙尼、卡地亚、宝格丽）的推动下，宝石级的青金石受到了更多消费者的青睐。然而优质青金石产量并不高，因此市场上出现了合成青金石或优化、处理的青金石制品。合成青金石和处理青金石的鉴别特征见彩14-18、彩14-19和表14-7。

表14-7　合成青金石和处理青金石的鉴别特征

名称	鉴别特征	其他
合成青金石	等粒结构；质地非常细腻；其中黄铁矿晶体棱角完好，边缘平直	不透明；孔隙较多，具吸水性
染色青金石	用蘸丙酮的棉签擦拭，棉签变蓝	若为上蜡染色品，则需先在表面不显眼处刮去蜡，再用棉签擦拭
涂蜡青金石	将热针靠近表面不显眼处，放大观察，有蜡的熔化及流动	多对色差、多孔的青金石进行处理

1. 合成青金石

与天然青金石相比，合成青金石完全不透明，颜色分布均匀，相对密度较低（2.33 ~ 2.53），长、短波紫外光下呈惰性，无白色方解石斑纹。部分合成青金石产品可见人为添加的黄铁矿颗粒，但黄铁矿颗粒边界平直，颗粒大小较一致且分布均匀，而天然青金石中黄铁矿颗粒大小不一且边界浑圆、随机分布。

2. 浸无色油或蜡

某些青金石经上蜡或浸无色油可以改善其外观，属于优化手段。浸油或上蜡的青金石在放大观察时，可发现局部有蜡质脱落的现象；用热针靠近其表面，可有蜡或油析出。

3. 染色处理

含较多白色斑纹的劣质青金石常用蓝色染料染色，经过染色的青金石外观很像优质青金石。染色青金石经放大观察，可见微细裂隙中存在蓝色染料。用蘸有丙酮、酒精或稀盐酸的棉签擦拭染色青金石，棉签上会留下蓝色痕迹。

4. 黏合

将劣质青金石粉碎后用塑料黏结而成的大块青金石。放大检查时，可见黏合青金石有明显的碎块状构造，并且热针测试有异味。

第三节　孔雀石的鉴定

一、孔雀石的基本性质

孔雀石是一种含水铜碳酸盐，有单晶体与晶质集合体之分，其中集合体多见，呈多种绿色条带状分布，常与蓝铜矿共生，其基本性质见表14-8。

表14-8　孔雀石基本性质一览表

矿物组成	主要组成矿物为孔雀石，可含微量 CaO、Fe_2O_3、SiO_2 等机械混入物
化学成分	$Cu_2CO_3(OH)_2$
结晶状态	晶质体——单斜晶系；常呈纤维状集合体
颜色	鲜艳的微蓝绿至绿色，常有杂色条纹
光泽	丝绢光泽至玻璃光泽
透明度	单晶体透明至半透明；集合体不透明
光性特征	非均质体——二轴晶，负光性；非均质集合体
折射率	$1.655 \sim 1.909$，双折射率 0.254；集合体不可测
相对密度	3.95
莫氏硬度	$3.5 \sim 4$
紫外荧光	惰性
其他特征	遇盐酸起泡

二、孔雀石的种类

孔雀石通常根据其形态、结构及用途进行如下分类。

1. 晶体孔雀石

具有一定晶形的透明至半透明孔雀石单晶体称为晶体孔雀石，多呈细长柱状、针状，且颗粒度较小，非常罕见。见彩14-20。

2. 块状孔雀石

此类孔雀石是指具葡萄状、同心层状、放射状和带状等纹理的致密块状孔雀石集合体，通常块体大小不等，大者可达数百吨，多用于玉雕和各种首饰原料。形态奇特的块状孔雀石也可直接用作观赏石。见彩14-21。

3. 青孔雀石

青孔雀石，又名杂蓝铜孔雀石，是孔雀石与蓝铜矿紧密结合构成的致密块状体。见彩14-22。

4. 孔雀石观赏石

孔雀石观赏石是指自然天成、形态奇特的孔雀石，通常可直接作为盆景，

第十四章

用于观赏。

三、孔雀石的鉴别特征

无论是原石还是成品，孔雀石均以其典型的孔雀绿色，同心圆状或条带状、放射状、同心环带构造，遇盐酸起泡等特征，有别于其他宝玉石品种，容易识别。孔雀石常呈现不透明、微透明和半透明；相对密度为3.25～4.20，通常为3.95；莫氏硬度为3.5～4.0；性脆，参差状至裂片状断口。

虽然孔雀石具有美丽的颜色、花纹和条带，但由于孔雀石硬度低、不耐用、不能长时间保持较好的光泽，通常多用于制作珠串、吊坠、戒面、胸针等。

孔雀石的折射率为1.66～1.91，转动折射仪上的偏光片用点测法可测到其高折射率；静水力学法测得其平均相对密度为3.95；能被小刀（5.5）刻划；滴盐酸起泡，且易溶。

四、孔雀石与相似玉石、仿制品的鉴别

孔雀石虽然有着独特的外观，但与硅孔雀石和绿松石相似，并且市场上可见绿色塑料用于仿制孔雀石，较易混淆（见彩14-23）。

1. 硅孔雀石

与孔雀石相比，硅孔雀石莫氏硬度（2～4）较低，相对密度（2.0～2.4）较小，折射率（1.461～1.570，点测法1.50左右）较低，可据此鉴别。

2. 绿松石

与孔雀石相比，绿松石莫氏硬度（5～6）较高，相对密度（2.4～2.9）较小，折射率（1.61左右）较低，并且绿松石没有同心环带状花纹，较易鉴别。

3. 绿色塑料

最近市场出现混合有绿色和白色粉末用塑料胶结的孔雀石仿制品，特征是没有放射状结构，从而缺少丝绢光泽。

孔雀石具特征的同心环带状结构，而塑料仿制品常为螺旋环带状结构，并且塑料表面多不平整，可有模具留下的痕迹。此外，塑料仿制品的相对密度仅为1.05～1.55，内部常有气泡等包裹体，用热针触及可有多种气味，不与盐酸

反应。

五、合成孔雀石的鉴别

合成孔雀石按纹理可分为带状、丝状和胞状三种类型，其化学成分、颜色、密度、硬度及X射线衍射谱线等方面与天然孔雀石非常相似，虽然外观特征各有其特点，但在热谱图中与天然孔雀石存在着较大的差异，所以差热分析可以作为鉴别天然孔雀石和合成孔雀石的有效方法。通常合成孔雀石的差热曲线上有两个吸收峰，而天然孔雀石的差热曲线上仅有一个吸收峰。

需要说明的是，差热分析属于有损检测，在鉴定中应慎重。

1. 带状合成孔雀石

该类合成孔雀石是由针状或板状孔雀石晶体和球粒状孔雀石聚合而成，颜色为淡蓝至深绿甚至黑色。条带宽度从0.1～4mm不等，呈直线、微弯曲或复杂的曲线状，其外观与扎伊尔孔雀石相似（见彩14-24）。

2. 丝状合成孔雀石

这种合成孔雀石是由厚0.01～0.1mm、长为10mm的单晶体构成的丝状集合体。平行于晶体延伸方向切割琢磨成弧面宝石时，可呈现猫眼效应；而垂直晶体延伸方向切割时，截面几乎呈黑色。

3. 胞状合成孔雀石

此类合成孔雀石有放射状和中心带状两种结构。放射状合成孔雀石是胞体从相对于球粒核心中央作散射状排列，胞状球体的颜色，在中央几乎是黑色，逐渐由核心向边沿散射而变成淡绿色；中心带状合成孔雀石，每个带是由粒度0.01～3mm的球粒组成的，颜色从浅绿到深绿色。胞状孔雀石是最高级的合成孔雀石，几乎与著名的乌拉尔孔雀石相同。

第十五章

石 英 质 玉

第一节　石英质玉的特征

一、石英质玉的基本性质

石英质玉是指天然产出的、达到工艺要求的、以石英为主的显晶质-隐晶质矿物集合体，可含有少量赤铁矿、针铁矿、云母、高岭石、蛋白石、有机质等，其基本性质见表15-1。

表15-1　石英质玉基本性质一览表

矿物组成	石英，可有少量赤铁矿、针铁矿、云母、高岭石、蛋白石、有机质等
化学成分	SiO_2，另外可有少量 Ca、Mg、Fe、Mn、Ni 等元素存在
结晶状态	显晶质-隐晶质集合体，呈致密块状，也可呈球粒状、放射状或微细纤维状集合体
颜色	纯净时为无色或白色，当含有不同的杂质元素（如 Fe、Ni 等）或混入不同的有色矿物时，可呈现不同的颜色
光泽	玻璃光泽，断口呈油脂光泽
透明度	半透明至不透明
光性特征	非均质集合体
折射率	点测 1.53～1.55
相对密度	2.53～2.72
莫氏硬度	6～7
紫外荧光	惰性；偶见弱至强，黄绿
吸收光谱	一般无特征光谱，仅个别品种因含少量致色元素可产生相应特征的吸收光谱

二、石英质玉的分类

根据国标GB/T 34098—2017，石英质玉分为以下三类，见表15-2。

表 15-2　石英质玉的分类

类别	品种
显晶质石英质玉	石英岩玉
隐晶质石英岩玉	玉髓、玛瑙、碧石
具有二氧化硅交代假象的石英质玉	木变石、硅化木、硅化珊瑚

注：具有二氧化硅交代假象的隐晶质－显晶质石英质玉统称为硅化玉，主要包括木变石、硅化木、硅化珊瑚等品种。

第二节　石英质玉的鉴定

一、石英岩玉的鉴定

1. 石英岩玉的结构形态及品种识别

石英岩玉的主要矿物成分为石英（＞90％），含少量铬云母、铁锂云母、白云母、赤铁矿、针铁矿、黄铁矿、磁黄铁矿、蓝线石、迪开石、普通角闪石和辰砂等共存矿物。

石英岩玉具花岗变晶结构和微粒状结构，粒径为0.03～0.60mm。呈致密块体或砾石状。

石英岩玉按典型品种特征或代表性产地可分为10余个品种，其中以东陵石、密玉、贵翠和京白玉（见彩15-1）较著名，其主要品种和识别特征见表15-3。

2. 石英岩玉的鉴别特征

石英岩玉的颜色取决于所含杂质矿物的种类和含量，颜色通常分布不均匀。

石英岩玉料可根据其粒状结构、玻璃或油脂光泽、莫氏硬度(7)、性脆、贝壳状断口、折射率为1.54（点测）和相对密度（2.65）进行识别。

放大检查，石英岩玉中可含有铬云母、铁锂云母、白云母、赤铁矿、针铁矿、磁黄铁矿、蓝线石、普通角闪石等矿物包裹体。

表15-3　石英岩玉的品种及识别特征

名　称	外观特征	内部特征	产地
东陵石	有绿、蓝、红、白和黑色，以油绿色为主，颜色呈细小丝状较均匀分布；玻璃至油脂光泽；微透明至半透明	粒状结构，颗粒较粗，肉眼能见到鳞片状闪烁的亮点绿色铬云母；也可不含铬云母	印度、中国
密玉	颜色从白至浅灰绿、黄绿、翠绿、蓝绿、红色等，色不明快，但颜色均匀；玻璃光泽，微透明至半透明	粒状结构，石英颗粒较细，3%～5%的浅绿色铁锂云母在石英岩玉中稀疏分布	河南新密
京白玉	呈白色，颜色均一，无杂质；光泽油润，为油脂至玻璃光泽；微透明至近透明	质地细腻为细粒状结构，石英粒径一般小于0.2mm	北京西山
贵翠	呈绿中闪蓝的淡蓝绿色，颜色分布不均匀，抛光面上常见不均匀条带，并有鬃眼；玻璃光泽；微透明至半透明	粒状结构，质地较细，绿色鳞片状迪开石分布不均，且色形不明显	贵州晴隆
台湾翠	含针状蓝线石的黝蓝至紫蓝色石英岩	粒状结构	中国台湾

3. 石英岩玉与相似宝石的区别

与石英岩玉相似的玉石有翡翠、葡萄石、水钙铝榴石、白色大理岩和软玉、蛇纹石玉等，可依据其宝石学特征的不同进行鉴别。

京白玉和染色京白玉也常冒充翡翠。区别在于，翡翠为变斑晶交织结构，而石英岩玉为粒状结构，石英颗粒呈粒状镶嵌，颗粒间无纤维状小晶体，并且无解理。翡翠的密度大，在二碘甲烷中悬浮或缓慢下沉；而石英岩玉则漂浮。翡翠的折射率高于石英岩玉。

京白玉用肉眼看颇似软玉中的青白玉。区别在于：软玉具毛毡状结构，可见纤维状矿物小晶体；软玉的密度和折射率均较大。

蛇纹石玉的密度、折射率均与石英岩玉相近。区别在于：蛇纹石玉具纤维状网格结构，且莫氏硬度变化大，为2.5～6，一般能被小刀刻划。

黄绿色的葡萄石与相同颜色的石英岩玉相似。区别在于：葡萄石具放射状纤维结构，且莫氏折射率和密度均较石英岩玉的大；但莫氏硬度为6～6.5，低于石英岩玉。

淡黄绿色的水钙铝榴石与相同颜色的石英岩玉相似。区别在于：水钙铝榴石中常含有较多的黑色磁铁矿小点；其绿色呈点状或构成条带状；而石英岩玉中的绿色则呈鳞片状或针点状。水钙铝榴石的密度和折射率比石英岩玉大得多。

白色大理岩有"软水白玉"之称，说明它与"硬水白玉"即京白玉相似。

区别在于：大理岩的莫氏硬度低，仅为3，很容易被小刀刻划；大理岩遇盐酸起泡；而石英岩玉则无此现象。

4. 染色石英岩玉的鉴别

通常东陵石、密玉和京白玉多经过染色处理，以使东陵石、密玉的绿色加深或使京白玉变绿。识别的方法是：染色石英岩玉颜色鲜艳而均一，放大检查，可发现绿色沿石英颗粒的边缘及间隙分布。铬染绿石英岩玉在查尔斯滤色镜下呈粉红色或暗红色。

二、玉髓、碧石、玛瑙的鉴定

1. 玉髓、碧石、玛瑙的基本性质

玉髓、碧石、玛瑙均为隐晶石英质玉石，在学术界，通常将含有杂质较多的玉髓称为碧石，含条带构造的玉髓称为玛瑙。随着现代宝石市场的不断发展与繁荣，新的玉髓、碧石、玛瑙的品种层出不穷。在商界，玉髓、碧石、玛瑙似乎脱离了原有的归属关系而相对独立，成为三个平等的宝石品种。三者的基本性质大致相同，但颜色均匀程度、透明度等略有差异。

2. 玉髓、碧石、玛瑙的种类

（1）玉髓　玉髓是隐晶质石英集合体，通常以块状产出。由于含有Fe、Al、Ca、Ti、Mn、V等微量元素或其他矿物的细小颗粒而使玉髓呈现多种颜色。根据颜色以及所含矿物的不同，玉髓可主要分为以下五种。

① 白玉髓　白玉髓（见彩9-13）是指白至灰白色的玉髓，其成分单一，质地均匀。通常为半透明，少数为微透明。

② 绿玉髓　当玉髓含有Fe、Cr、Ni等元素或均匀分布的细小绿泥石、阳起石等绿色矿物时可呈不同色调的绿色，称为绿玉髓。绿玉髓通常呈微透明至半透明。

产于澳大利亚的绿玉髓（见彩15-2），由Ni致色，常呈苹果绿，颜色均匀，又称澳洲玉或澳玉。

③ 蓝玉髓　蓝玉髓常呈灰蓝、绿蓝、蓝色，由内部所含的铜元素或蓝色矿物致色。不透明至微透明。

著名的中国台湾产蓝玉髓由铜（Cu）致色，常呈蓝色或绿蓝色，颜色均匀，有"中国台湾蓝宝"之称（见彩15-3）。

④ 黄玉髓　黄玉髓是指黄色、浅黄色的玉髓，主要由Fe致色，其常见品种为黄龙玉。

黄龙玉（见彩15-4）是指主要产于云南省保山市龙陵县以黄色为主色调的玉髓。近年来，黄龙玉市场较为活跃，引起业内外人士的广泛关注。

⑤ 紫玉髓　紫玉髓（见彩15-5）常呈浅紫、灰紫和蓝紫色，主要产地有巴西和中国。经检测，中国辽宁阜新产出的紫玉髓的致色元素为Fe和Ni，且内部含有大量的结构水和分子水。

（2）碧石（"碧玉"）　市场上将含杂质较多的玉髓称为"碧玉"，国标GB/T 34098—2017将其定名为碧石，是为避免与软玉中的碧玉相混淆。碧石杂质含量可达20%以上，主要为氧化铁和黏土矿物，多不透明，颜色呈暗红色或绿色。红色者称红碧石或"红碧玉（又称羊肝石）"（见彩15-6），绿色者称绿碧石或"绿碧玉"。

市场上还有一种含有特殊条纹的碧石，称为风景碧石或"风景碧玉"，是一种由不同颜色的条带、色块交相辉映组成的美丽风景画。

（3）玛瑙　玛瑙是具条带状构造或特殊包裹体的隐晶石英质玉石。玛瑙品种繁多，而且新品种层出不穷。为便于识别，本书将市场上最为常见的玛瑙依据颜色、条带、包裹体等特征分为三类八种（图15-1），并对目前市场上较为追捧的南红玛瑙、北红玛瑙、战国红玛瑙和水草玛瑙做了进一步的描述。

玛瑙
- 按颜色分
  - 白玛瑙：白至灰白色，其条带构造由颜色、透明度细微差异引起。
  - 绿玛瑙：多呈浅灰绿色，其颜色由所含绿泥石或其他细小矿物产生。
  - 红玛瑙：多为较浅的褐红、橘红色。最著名的是南红玛瑙、北红玛瑙。
- 按条带分
  - 缟玛瑙（见彩15-7）：条带清晰的条纹玛瑙，当条带变得十分细窄时，又称缠丝玛瑙。
  - 战国红玛瑙（见彩15-8）：红黄相间的条带，质地温润，形态多样。
- 按包裹体分
  - 苔纹玛瑙（见彩15-9）：含苔藓状、树枝状包裹体，也称水草玛瑙。
  - 火玛瑙（见彩15-10）：光照下，可产生五颜六色的晕彩。
  - 水胆玛瑙（见彩15-11）：封闭晶洞中含有天然液体（一般为水）。

图15-1　玛瑙分类

① 南红玛瑙　目前，市场上较流行的南红玛瑙原指产于云南保山的红玛瑙。近几年，在四川凉山地区也有红玛瑙矿床发现，被称为"川红"，但也在以南红玛瑙的名义进行销售。因此，商业上的南红玛瑙范围已进行了扩展，既包括云南保山的红玛瑙，也包括了"川红"，甚至还包括了"甘红"（甘肃南部所产的红玛瑙）。

商业上将南红玛瑙的颜色分为锦红（见彩15-12）、玫瑰红、朱砂红、樱桃红、柿子红、柿子黄，以及红白料、缟红料等多个品种。

② 北红玛瑙　北红玛瑙主要产于黑龙江省逊克县境内阿廷河流域、伊春市汤旺河流域、嫩江流域、松花江流域、大小兴安岭区域等地，其颜色以红色、黄色为主（见彩15-13），还有灰色、白色，少见黑色，偶见绿色、蓝色、粉色、紫色，其结构多见条带、缠丝、冰飘、水晶芯等。

③ 战国红玛瑙　战国红玛瑙是开采于辽宁朝阳、河北宣化的一种条纹玛瑙。战国红玛瑙之美在于其色的浓艳纯正，其质的细腻温润，其形的变化万千。战国红玛瑙的条带或丝主要为红色和黄色，并且红、黄两色有着广泛的色域，如黄色可以从浅黄、土黄到明黄、艳黄，红色可以从暗红、棕红到橘红、鲜红。战国红的条带或丝之间可为无色或为不同色调的红、黄、紫的过渡色，如此之多的颜色和复杂的缠丝相结合，形成了战国红千变万化的特点。

④ 水草玛瑙　苔纹玛瑙也称水草玛瑙，是一种具苔藓状、树枝状图形的含杂质玛瑙。其内部的"草"主要为绿色，也有黄色、红色或黑色，以枝蔓状分布其中。一般绿色通常由绿泥石的细小鳞片聚集而成，黄色、红色由Fe引起，黑色由Fe、Mn的氧化物聚集而成。变幻的图案给人以丰富的想象力，颇具美感。

3. 玉髓、碧石、玛瑙的鉴别

玉髓、碧石、玛瑙可根据其颜色、花纹、质地、形态和硬度等特点进行鉴定和品种划分。

玉髓、碧石、玛瑙，质地细腻，硬度高，耐磨性好，表面较光滑，呈玻璃或油脂光泽。玉髓质地致密，莫氏硬度为6.5～7，相对密度为2.55～2.65（一般为2.60），贝壳状断口，韧性好。X射线下，绿玉髓发弱绿或弱蓝色荧光。

放大检查，碧石石性强、不透明，玉髓尤其碧石中可含有辰砂、绿泥石及其他黏土质矿物包裹体等；玛瑙常具典型的环带状或平行纹理结构，常有不同颜色和条带、缠丝、树枝状和苔藓状色形或极细小的赤铁矿、针铁矿等矿物包裹体。

4. 玉髓、碧石、玛瑙与相似宝石及仿制品的鉴别

与玉髓、玛瑙相似的宝石主要有翡翠、月光石、蛋白石、贝壳等；玉髓、玛瑙的仿制品主要为玻璃。通过折射率、相对密度、莫氏硬度、光性特征等方面性质的测定，并结合放大观察其内外部特征的方法可以将这些相似宝石和仿

制品快速鉴别开来（见表15-4）。

表15-4 玉髓、碧石、玛瑙与相似宝石的鉴别特征

名 称	折射率	相对密度	莫氏硬度	外观和内部特征	其他
玉髓、碧石、玛瑙	1.54	2.60	6.5～7	细粒状结构（玛瑙具条带构造）；玻璃光泽；半透明；正交偏光下全亮	无解理，贝壳状断口
翡翠	1.66	3.34	6.5～7	颜色不均一；变斑晶交织结构；折射率和密度大	与绿玉髓相似，绿玉髓颜色均一
月光石	1.52	2.56	6～6.5	格子状双晶纹；偏光镜下四明四暗现象	短波紫外光下淡红或粉红色荧光
蛋白石	1.45	2.15	5～6.5	折射率和密度均低	无色或白色无变彩者与玉髓相似
天河石	1.53	2.56	6～6.5	具明显的格子状条纹结构；有解理，周围边部有细渣状断口	与绿玉髓相似
孔雀石	1.68	3.95	3.5～4	具放射状纤维结构和条带状构造；条纹为深浅不同的绿色交替出现	与绿玛瑙相似，但条带颜色不同
绿松石	1.61	2.76	5～6	光泽弱，瓷状光泽，透明度差，不透明至微透明；可含褐黑色铁线	硬度低；不透明
青金石	1.52	2.75	5～6	含有星点状或浸染状的黄铁矿以及白色斑点或条带状方解石	与染色碧玉相似
贝壳	1.55	2.86	3.5	贝壳雕与白玛瑙和白玉髓浮雕容易相混	硬度低；遇酸起泡

半透明至微透明玻璃常可仿制苔藓玛瑙，镀膜玻璃可仿制各种颜色的玉髓。玻璃仿制品最主要的特征是在近表面处有气泡和漩涡纹。玻璃的断口呈玻璃光泽，而玉髓的断口则为蜡状至玻璃光泽。

苔藓玛瑙的玻璃仿制品，其树枝状形态太均匀，不自然；镀膜玻璃仿玉髓，颜色较鲜艳而均匀，在其表面特别是打孔处，可见到膜的颜色深，而玻璃球为无色，而且表皮可以被小刀或指甲刮下来。

5. 优化、处理玉髓、碧石与玛瑙的鉴别

玉髓、碧石、玛瑙的优化、处理具有悠久的历史，主要采用热处理（见彩

珠/宝/鉴/定

15-14）和染色两种方法，另外还有水胆玛瑙的注水处理。对于优化、处理的玉髓、碧石、玛瑙，主要依据实践经验仔细观察其颜色鲜艳与自然程度，并结合放大检查和检测可见光吸收光谱等方法进行鉴别（见表15-5）。

表15-5　优化、处理玉髓、碧石、玛瑙的鉴别特征表

名称	优化、处理方法	鉴别特征
热处理	将浅褐色的玉髓、玛瑙热处理成鲜艳的红色，称"烧红玉髓""烧红玛瑙"	颜色鲜艳，光泽增强，透明度降低，脆性增大，硬度降低；烧红玛瑙颜色鲜艳且相对均一，色带模糊，边缘多呈渐变现象
染色处理	用化学试剂将玉髓染成红、绿、蓝、黄和黑色	色彩鲜艳，色调不自然、不柔和，颜色均一且稳定；染色玛瑙条带不明显；铬染色绿玛瑙在可见光吸收光谱中出现3条模糊的铬吸收线
注水处理	将水注入中心有空洞的玛瑙并用胶封堵细小的孔缝	放大检查，表面可见打孔及胶黏痕迹

三、硅化玉的鉴定

根据国标GB/T 34098—2017，具有二氧化硅交代假象的隐晶质 - 显晶质石英质玉统称为硅化玉，主要包括木变石、硅化木、硅化珊瑚等品种。

1. 木变石

木变石（见彩15-15）属"硅化石棉"，是保留了石棉纤维状结构的石英集合体。因纹理和颜色像木纹所以称之为木变石。原石通常呈致密块状。

木变石质地细腻坚韧，微细纤维状结构十分明显。丝绢光泽强，如果垂直纤维的方向磨成弧面宝石，在弧面宝石上就会呈现一个平行移动的"猫眼"。根据琢磨成弧面宝石成品的颜色和"猫眼"特征可进行分类和鉴定。

（1）木变石的种类　木变石可分为虎睛石和鹰睛石两种（见彩15-16）。

虎睛石和鹰睛石的物理化学性质相同，所不同的是结构中的颜色：虎睛石结构中除有黄色纤维之外，还有较多的褐色、红色等纤维，构成相间的条带和杂斑；而鹰睛石主要含有蓝色、褐色和黑褐条带，且颜色较虎睛石的深。

（2）木变石的鉴别特征　木变石呈特殊的褐黄、蓝褐颜色，明显的微细纤维结构和明亮的丝绢光泽是自然界任何其他玉石所没有的，故极容易和其他玉石相区别。

木变石不透明，莫氏硬度为6.5～7，折射率为1.54，相对密度为

2.64～2.78。残留有石棉的木变石，可测得折射率为1.62。

（3）虎睛石和鹰睛石与其他猫眼宝石的区别

① 结构差异　虎睛石和鹰睛石是不透明的纤维结构玉石；而大多数猫眼宝石是单晶体，其猫眼效应源自晶体内部存在一组密集平行排列的包裹体。

② 物理性质不同　虎睛石和鹰睛石与其他猫眼宝石在颜色、折射率、密度、光泽、硬度、透明度、发光性、吸收光谱特征等方面均有不同。

③ 猫眼效应有别　虎睛石和鹰睛石猫眼眼线较宽和粗，眼线不灵活，因而，有"死猫眼"之称，以此可与其他猫眼宝石相区别。

2. 硅化木

硅化木是指由二氧化硅交代树木而成的隐晶质–显晶质石英集合体，可含有少量蛋白质、有机质等。

硅化木常呈半透明—不透明，粒状和纤维状结构，常见颜色为灰白、灰黑、黄褐、棕红等色，可见木纹、树皮、节瘤、驻洞等特征，断口处蜡状光泽，抛光面可从油脂光泽到玻璃光泽。

3. 硅化珊瑚

硅化珊瑚是指由二氧化硅交代珊瑚而成的隐晶质–显晶质石英集合体，可含有少量蛋白质、方解石等，也有人称"珊瑚玉"。见彩15-17。

硅化珊瑚常呈半透明—不透明，粒状至纤维状结构，常见颜色为灰白、黄白、黄褐、橘红等色，可见珊瑚的同心放射状特征，断口处蜡状光泽，抛光面玻璃光泽。

珠\宝\鉴\定

第十六章
珍　珠

第一节　珍珠的特征

一、珍珠的基本性质

珍珠是一种有机宝石，主要产于海洋贝或江河湖蚌类软体动物体内，其主要成分为文石、有机质壳角蛋白（也称角质蛋白）、水以及微量元素（如钠、钾、锂、镁、锰、铁、铜）等。其基本性质见表16-1。

表 16-1　珍珠基本性质一览表（彩16-1）

化学成分	碳酸钙、有机质（硬蛋白质）、少量的水和微量元素
结晶状态	无机成分：晶质放射状集合体； 有机成分：非晶质体
颜色	无色至黄色、粉红色、绿色、蓝色、紫色等
光泽	珍珠光泽
透明度	半透明至不透明
光性特征	非均质集合体
折射率	1.53～1.56
相对密度	2.60～2.85，不同种类、不同产地珍珠的密度略有差异
莫氏硬度	2.5～4
紫外荧光	无至强，浅蓝色、黄色、绿色、粉红色

二、珍珠的分类

根据生长方式不同，可将珍珠划分为天然珍珠和养殖珍珠。目前市场上流

185

通的珍珠几乎全部为养殖珍珠，根据国家标准规定，养殖珍珠可直接命名为珍珠。

珍珠可按颜色、产出水域、有无珠核和产地等方式进行分类。

1. 按颜色分类

珍珠的颜色呈现出来的是体色、伴色和晕彩的综合效果。

珍珠的体色是本体的颜色，也称背景色，取决于珍珠所含的微量金属元素和有机色素卟啉的种类和含量。珍珠的体色可分为五个系列：白色、黄色、红色、黑色系列及其他系列（紫、青、蓝、褐、绿色）。

伴色是漂浮在珍珠表面的一种或几种颜色。伴色可有白色、粉红色、玫瑰色、银白色或绿色等。

晕彩是在珍珠表面或表面下层形成的可漂移的彩虹色，是叠加在体色之上的，由珍珠表面反射及次表面内部珠层对光的反射干涉等综合作用形成的特有色彩。

2. 按产出水域分类

根据产出水域的不同，珍珠可分为淡水珍珠和海水珍珠。

海水珍珠（见彩16-2）是指海水中贝类产出的珍珠。海产珍珠贝类主要有马氏贝、大珠母贝、黑蝶贝、金唇贝、银唇贝、企鹅贝等，另外牡蛎、海蜗牛、海螺也可产珍珠（见彩16-3）。

淡水珍珠（见彩16-4）是指淡水（江、河）里蚌类产生的珍珠。淡水珍珠蚌类有三角帆蚌、褶纹冠蚌、珠母珍珠蚌、背瘤丽蚌、池蝶蚌等。

3. 按有无珠核分类

按珍珠内是否存在珠核，可将珍珠分为有核珍珠和无核珍珠。

有核珍珠是将完整的珠核（通常为珠母贝壳制成）置入贝类或蚌类的外套膜内，珠核上慢慢覆盖珍珠质层后形成的珍珠。

无核珍珠是用外套膜的微块替代珠核植入贝类或蚌类的外套膜中产生的珍珠，形态差异大、产量高，目前在淡水养殖的珍珠中占有相当重要的地位。

4. 按产地分类

珍珠的产地很多，根据产出区域的不同，可有不同的称谓（见表16-2）。

表16-2　不同产地珍珠一览表

名称	产地
波斯珠	波斯湾地区，天然珍珠的著名产地，目前不再产出珍珠
南洋珠	澳大利亚、菲律宾、印度尼西亚、塔希提岛
南珠（合浦珠）	中国广西合浦
东珠	日本
澳洲珠	澳大利亚
孟买珠	印度
西珠	欧洲
中国淡水珍珠	中国浙江、江苏、湖南等省

第二节　珍珠的鉴定

一、珍珠的鉴别特征

珍珠颜色多样，质地细腻，多呈凝重的半透明状或不透明，具特有的珍珠光泽。珍珠光泽（见彩16-5）随珍珠质层薄厚不同和透明度不同而变化，从弱珍珠光泽到强珍珠光泽。海水珍珠和淡水珍珠在光泽、形状等方面均有所不同。

珍珠在长、短波紫外光下可发亮的浅蓝白色、浅蓝、淡黄、粉红色的荧光，有时无荧光。珍珠在X射线下可发黄白色及绿色磷光。

珍珠还具很强的韧性，尤其是无核珠，质量越好的珍珠越难粉碎。珍珠牙咬有砂砾感。圆形珍珠自1m高度自由落到玻璃板上，可弹跳20～40cm高度。

珍珠的化学稳定性较低，不耐酸碱，不耐热。珍珠可溶于丙酮、苯、二硫化碳和各种酸溶液中。溶于酸时均产生CO_2的气体，并残留棉屑状的有机质。

二、天然珍珠与人工养殖珍珠的鉴别

市场上流通的天然珍珠极少，大多数为人工养殖珍珠。天然珍珠与人工养殖珍珠，尤其是与无核养殖珍珠的鉴别有一定的难度。目前主要从结构、表面

特征、密度等方面进行鉴别（见图16-1和表16-3）。

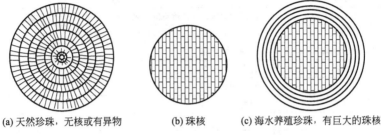

(a) 天然珍珠，无核或有异物　　(b) 珠核　　(c) 海水养殖珍珠，有巨大的珠核

图16-1　珍珠的横截面结构示意图

表16-3　天然珍珠与人工养殖珍珠的鉴别特征

项目	天然珍珠	人工养殖珍珠
外观形态	外形多为不规则，直径较小	多为圆形，直径较大
放大检查	质地细腻，表面光滑，有细小纹丝，多呈凝重的半透明状；结构均一；珍珠光泽	外表常有突起和凹坑，质地松散，呈凝胶状半透明；可见珠核及其灰、白相间的平行条带；珠光不如天然珍珠
珍珠内窥镜	光从针的一端射入时，另一端的镜上可见光的闪烁	光从针的一端射入时，另一端的镜上不见光的闪烁（因光遇珠核发生了折射）
在重液中	多数上浮	多数下沉
X射线照射	大多数无荧光（海水珠）	多为浅绿色、蓝紫色荧光和磷光
X射线照相	底片色调均匀	底片上，珍珠层色调暗于珠核
X射线衍射	劳埃图上出现六方图案的斑点，核小或无，珍珠层厚	劳埃图上出现四方图案的斑点，珠核大，珍珠层薄
紫外线摄影	阴影颜色较均匀一致	光线与珍珠层垂直时，出现较深的阴影，仅周边颜色较浅
磁场反应	在磁场中，珠体无旋转现象	珠体c轴与磁场两极（NS）斜交时，珠体转动至两者垂直时静止

1. 结构差异

天然珍珠通常无珠核，结构均一；人工养殖珍珠大多数有珠核，且珠核较大（尤其是海水养殖珍珠）、珍珠层较薄，珠核与珍珠层的结构纹理不同（见图16-1）。

在强光照射下，观察人工养殖珍珠半透明的内部，可见灰、白相间的条带。由珍珠孔向内放大观察，珠核与珍珠层的交界处有一条褐色线迹，有时可见明显的珠核与珍珠层。

对于珍珠的结构，还可利用X射线和紫外光技术进行观察判断。

2. 表面特征

天然珍珠质地细腻，表面光滑，多呈凝重的半透明状；人工养殖珍珠表面常有突起和凹坑，具凝胶状半透明外表。由于其珍珠层较薄（仅有0.3～2mm），用针触动可掉下鳞片状粉末。

3. 密度不同

人工养殖珍珠的珠核通常是用淡水蚌壳磨制而成，其密度常高于天然珍珠，为2.7～2.8g/cm³。在2.71g/cm³的重液中，天然珍珠多数上浮，而人工养殖珍珠多数下沉。

三、海水珍珠与淡水珍珠的鉴别

人工养殖珍珠按照水域不同可分为海水养殖珍珠（简称海水珍珠）与淡水养殖珍珠（简称淡水珍珠），其鉴别特征参见表16-4。

表16-4　海水珍珠和淡水珍珠鉴别特征

项目	海水珍珠	淡水珍珠
外观特征	通常圆度较好，表面光滑，光泽较强；部分塔希提岛产不规则黑珍珠也可有生长纹及勒腰（见彩16-6）	常为椭圆、不规则形状，表面常见勒腰、褶皱纹
珠核	有珠核，与珍珠质层界限明显，透光可见珠核层状结构	多数无珠核，无分层线
微量元素	钠、钾、锶、硫等含量较高	锰、铁等含量较高
紫外荧光	弱蓝白色	黄绿色

四、淡水养殖珍珠中无核与有核珍珠的鉴别

淡水养殖珍珠中还存在着无核和有核养殖的工艺不同，无核与有核淡水珍珠的鉴别特征见表16-5。

表16-5　淡水养殖珍珠中无核与有核珍珠的鉴别特征

项目	无核珍珠	有核珍珠
外观形态	多数为长形、扁圆形、畸形	多数为圆形
测定密度 / (g/cm³)	2.5～2.7	2.7～2.8
强光透射观察	无平行条带	可见珠核的平行条带
X射线照相	仅见同心层状结构	有明显的珠核和珍珠层分界线
磁场反应	在磁场中，珠体无旋转现象	珠体c轴与磁场两极（NS）斜交时，珠体转动至两者垂直时静止

五、优化、处理珍珠的鉴别

珍珠常常通过一些优化或处理手段来改善其颜色或外观，主要方法有漂白、增白、染色处理、辐照处理等。

1. 漂白
漂白是将珍珠层中的杂质去除以改善颜色和外观的优化手段。目前多采用过氧化氢漂白法和氯气漂白法两种。

2. 增白
增白是在漂白的基础上添加增白剂，以改善颜色的优化手段。

3. 染色处理
珍珠的染色处理是将珍珠浸于某些特殊的化学溶液中上色的处理方法，常被染成黑色、棕色、玫瑰色、粉红色等。

染色珍珠放大检查可见色斑，表面有点状沉淀物；用稀盐酸或丙酮棉签擦拭后棉签会变色；长波紫外光下呈惰性；银盐染色者可测出银元素的存在。

染色珍珠最常染成黑色，染色黑珍珠在颜色、光泽、形态、光致发光光谱、紫外可见吸收光谱等方面与黑珍珠有差异。

另外，染色黄珍珠在市场上也较为常见，其紫外-可见光吸收光谱在356nm处无或具弱吸收带，在427nm附近可有强吸收带；而黄珍珠紫外-可见光吸收光谱在330～385nm和385～460nm处有吸收谱带，且前者强度大于后者。

4. 辐射处理
辐照珍珠是利用 γ 射线辐照的方法来使珍珠颜色发生改变的处理手段，可变成黑色、绿黑色、蓝灰色等，通常光泽较强。

经辐照处理的珍珠放大检查可见珍珠质层有辐照晕斑；拉曼光谱多具有强荧光背景。

黑珍珠与优化处理黑珍珠的鉴别特征见表16-6。

六、珍珠与仿制品的鉴别

早在17世纪法国就出现了用青鱼鳞提取出"珍珠精液"（鸟嘌呤石溶于硝酸纤维液中形成）涂在玻璃珠上制成珍珠仿制品。随着科技的发展，市场上出现了越来越多仿真度较高的珍珠仿制品，主要品种有塑料仿珍珠、玻璃仿珍珠、贝壳仿珍珠和马约里卡珠等。

表16-6　黑珍珠与辐照黑珍珠、染色黑珍珠的鉴别特征一览表

项目	黑珍珠（见彩16-7）	辐照黑珍珠（见彩16-8）	染色黑珍珠（见彩16-9）
外观特征	直径多大于9mm；多伴有钢灰色、孔雀绿色或古铜色的黑色；颜色可不均匀，且光泽强而柔和	直径多小于8mm；呈纯黑或带蓝灰色调的黑色；晕彩光谱色浓，有金属光泽，颜色均匀	直径多小于8mm；纯黑色；颜色均一；光泽较差
放大检查	有核者从打孔处可见珍珠质层为黑色，珠核为白色	珍珠质层无色而珠核为黑色	局部颜色分布不均匀，钻孔旁、表面裂隙、瑕疵处可见颜色浓集和细小的颜色斑；有核者珍珠质层及珠核均为黑色
紫外荧光	某些在长波紫外光下发粉红或黑红色荧光		长波下无荧光或发灰白色荧光
刮粉	粉末为白色	粉末为黑色	粉末为黑色
其他	光致发光光谱在600～700nm有3个特征谱带；紫外－可见光吸收光谱在400nm、498nm、698nm附近有3条特征吸收谱带	拉曼光谱多具有强荧光背景	稀硝酸擦拭掉色

1. 塑料仿珍珠

塑料仿珍珠（见彩16-10）是在乳白色塑料珠外表涂一层"珍珠精液"而制成。

塑料仿珍珠外观漂亮，手感较轻，且有温感；用针在钻孔处轻轻挑拨，会成片脱落，无细小鳞片状粉末，能看到珠核；放大检查，表面无生长纹，为均匀分布的近疹状或粒状面；紫外荧光惰性；不溶于盐酸。

2. 玻璃仿珍珠

玻璃仿珍珠（见彩16-11）是将玻璃球浸于"珍珠精液"中制成，又分空心玻璃充蜡仿珍珠和实心玻璃仿珍珠。

玻璃仿珍珠手摸有温感；表皮可成片脱落；珠核有玻璃光泽，贝壳状断口，放大可见气泡和旋涡纹，钢针刻划不动；不溶于盐酸；无荧光。其中充填石蜡的空心玻璃仿珍珠相对密度较低（1.5），手掂较轻，用细针插入珠孔中，可感觉有柔软蜡的存在。

目前市场上有一种手感、光泽均与海水珍珠很相似的珍珠仿制品，称为马

约里卡珠，是将一种似珍珠光泽的银色液体涂在特殊的玻璃珠核上，再涂上一层保护膜制得。马约里卡珠光泽很强，具明显的彩虹色；折射率为1.48；相对密度为2.51～2.67；莫氏硬度为2～3；珠孔边缘凸凹不平；表面无珍珠的特征生长纹；牙咬有滑感；不溶于盐酸。

3. 贝壳仿珍珠

贝壳仿珍珠（见彩16-12）是将厚贝壳磨制成圆球或其他形状，然后再涂一层"珍珠精液"而制得。

贝壳仿珍珠的表面放大检查无珍珠特有的回旋生长纹，只可见到类似鸡蛋壳表面的高高低低的糙面；强光透射下可见平行条带状结构。

珍珠与仿制珍珠的鉴别特征见表16-7。

表16-7　珍珠与仿制珍珠的鉴别特征

类别	珍珠	仿制珍珠
外观	形状多种，可为圆形或不规则形；珍珠光泽；表面有生长纹理	多为圆形；多数颜色统一、单调、呆板；缺乏珠光；表面微具凸凹，无生长纹
手感	凉爽	多数温润、轻飘
牙咬	有砂砾感，不光滑	滚滑感，珠层易脱落
弹跳（1m高落下）	反跳高度20～40cm	反跳高度15cm以下，且连续弹跳比珍珠差
紫外荧光	无至强的浅色、黄色、绿色、粉红色荧光	通常无荧光
其他	溶于盐酸	不溶于盐酸

第十七章
珊瑚、琥珀

☙ 第一节　珊瑚的鉴定 ❧

一、珊瑚的基本性质

珊瑚是一种重要的有机宝石，根据组成成分的不同，珊瑚可分为钙质型珊瑚和角质型珊瑚两种，其基本性质存在着一定的差异。基本性质见表17-1。

表 17-1　珊瑚基本性质一览表

种类	钙质型珊瑚	角质型珊瑚
化学成分	无机成分（碳酸钙）、有机成分	几乎全部为有机成分
结晶状态	无机成分：隐晶质集合体； 有机成分：非晶质体	非晶质体
颜色	浅粉红至深红色、橙色、白色及奶油色，偶见蓝色和紫色	黑色、金色、黄褐色
光泽	蜡状光泽至玻璃光泽	蜡状光泽至玻璃光泽，可有微晕彩
透明度	微透明至不透明	
光性特征	非均质集合体	均质集合体
折射率	1.48～1.65	1.56～1.57
相对密度	2.65	1.35
莫氏硬度	3～4	
紫外荧光	白色：无至强，蓝白色； 浅红至红色：无至橘（粉）红色； 深红色：无至暗（紫）红色	惰性
特殊性质	遇盐酸起泡	遇盐酸无反应

二、珊瑚的品种

珊瑚依据其成分和颜色可划分为如图17-1所示两类五种（见彩17-1）。

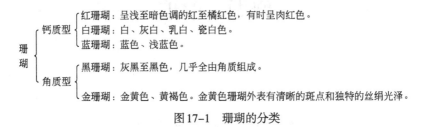

珊瑚
- 钙质型
  - 红珊瑚：呈浅至暗色调的红至橘红色，有时呈肉红色。
  - 白珊瑚：白、灰白、乳白、瓷白色。
  - 蓝珊瑚：蓝色、浅蓝色。
- 角质型
  - 黑珊瑚：灰黑至黑色，几乎全由角质组成。
  - 金珊瑚：金黄色、黄褐色。金黄色珊瑚外表有清晰的斑点和独特的丝绢光泽。

图17-1　珊瑚的分类

三、珊瑚的鉴别特征

钙质珊瑚（以下简称珊瑚）是由无机组分和有机组分两部分组成，其中无机组分主要成分是碳酸钙（$CaCO_3$），其矿物成分为方解石或文石。钙质珊瑚原枝多呈树枝状、星状、蜂窝状等，遇盐酸起泡。肉眼观察呈树枝状的珊瑚，枝体上有平行的纵条纹（见图17-2）。仔细观察珊瑚的横切面附近，在外皮剥落处可见明显的脊状构造；横切面上可见同心圆状及放射状纹，由颜色深浅不同的色圈组成，有些珊瑚的横切面上还可见白芯。珊瑚原石具有独特的外观形态及特殊结构。对于呈树枝状的珊瑚，其枝体上有寄生虫的巢穴（即小而浅的圆形凹坑），这是个体珊瑚虫生长的部位。

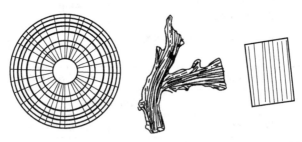

图17-2　珊瑚横截面的同心圆状和放射条纹、纵切面的平行条纹示意图

珊瑚原料具有特有的树枝状形态和条带状纹理，珊瑚成品则可从颜色、条纹、光泽几个方面进行肉眼的辨别。

钙质珊瑚成品颜色多为红色、粉红色、白色，个体的颜色均匀，偶见虫洞，纵切面上可见颜色深浅不同和透明度不同的波状细密纵向纹理，珊瑚可呈亚半透明至不透明，珊瑚原石光泽暗淡，抛光后多呈蜡状光泽，优质者呈玻璃光泽。

珊瑚多数呈参差状至裂片状（黑珊瑚呈贝壳状至参差状断口）。珊瑚韧性良好。

此外，钙质珊瑚的拉曼光谱显示无机成分（碳酸钙）的特征峰，并且粉红和红色珊瑚的有机色素峰位于$1520cm^{-1}$、$1130cm^{-1}$左右。

珊瑚的折射率为$1.486 \sim 1.658$，点测法为1.65（黑珊瑚为$1.56 \sim 1.57$）；双折率为0.160。珊瑚在长、短波紫外光下多呈较强的粉红色荧光或为无至强的淡丁香紫—淡紫红色荧光（黑珊瑚无荧光）。

黑珊瑚、金珊瑚等角质珊瑚放大可见年轮状构造；珊瑚原枝纵面表层具丘疹状外观，横截面可见弯月形图案，角质珊瑚可有晕彩。

珊瑚易被酸腐蚀，遇盐酸起泡，放出CO_2气体。

珊瑚在火焰中会变黑；黑珊瑚加热后散发出蛋白质焦味。

四、优化、处理珊瑚的鉴别

市场上对颜色不佳和质地疏松的珊瑚通常进行优化处理后再出售，目前常见的优化、处理方法有漂白、染色、充填和覆膜处理等。

1. 漂白

将深色珊瑚用双氧水进行漂白处理，可得到浅色的珊瑚，如暗红色漂白成粉红色，黑珊瑚可漂白成金黄色（见彩17-2）等。有时也用于去除珊瑚表面杂色。漂白珊瑚不易检测，但其结构略显疏松，表面光泽略有损失。

2. 染色处理

染色珊瑚是指将质量欠佳的白珊瑚或浅色珊瑚浸泡在红色或其他颜色的有机染料中染成相应颜色来冒充天然颜色的珊瑚（见彩17-3），由于其具有天然珊瑚的结构特征，所以很容易与天然珊瑚混淆。

染色珊瑚的外观不自然，颜色单一；放大检查可见染料沿生长条带分布，在珊瑚的小裂隙间或孔洞中富集，其颜色外深内浅，有着色不均匀现象；用蘸有丙酮的棉签擦拭掉色；拉曼光谱中不显示天然有机色素峰，而出现染色剂的峰。

3. 充填处理

充填处理的珊瑚一般用环氧树脂或似胶状物质充填多孔的海绵珊瑚而制得

（见彩17-4）。经充填处理的珊瑚表面多为树脂光泽，不具波状构造，且相对密度低于天然珊瑚，热针探测可见充填物熔化。

4. 覆膜处理

覆膜珊瑚（见彩17-5）是对质地松散或颜色较差的角质珊瑚进行覆膜处理，以改善其外观和提高其耐久性。

覆膜珊瑚表面光泽较强，表面丘疹状突起平缓，放大检查钻孔处可见膜层脱落。

五、珊瑚仿制品的鉴别

市场上常见的珊瑚仿制品有吉尔森珊瑚、染色骨制品、染色大理石、海螺珍珠、玻璃和塑料等，其鉴别特征见表17-2。

表17-2　珊瑚仿制品的鉴别特征

名称	颜色	透明度	光泽	折射率	相对密度	莫氏硬度	断口	其他特征
染色红珊瑚	红	微透明至不透明	油脂光泽	1.48～1.65	2.65	3～4	平坦状	颜色不均匀；染料沿裂隙及孔洞集中；丙酮棉签擦拭掉色；遇酸起泡
吉尔森珊瑚	红	不透明	蜡状光泽	1.48～1.65	2.44	3～4	粒状	颜色分布均匀；微细粒结构；遇酸起泡
染色骨制品	红	不透明	蜡状光泽	1.54	1.70～1.95	2.5	参差状	颜色表里不一，被摩擦部位色浅；具骨髓、鬃眼等特征；不与酸反应
染色大理石	红	不透明	玻璃光泽	1.48～1.65	2.70	3	粒状	粒状结构；可使丙酮棉签变红；遇酸起泡
红塑料	红	透明至不透明	蜡状光泽	1.49～1.67	1.40	1～3	平坦状	热针触及有异味，铸模痕迹明显；常有气泡；不与酸反应
红玻璃	红	透明至不透明	玻璃光泽	1.64	3.69	5.5	贝壳状	常有气泡；不与酸反应
海螺珍珠	粉红	不透明	珍珠光泽	1.53～1.56	2.85	3.5	参差状	"火焰状"结构；遇酸起泡

1. 吉尔森珊瑚

吉尔森珊瑚（见彩17-6）是用方解石粉末加上少量的染料在高温、高压下黏制而成的，不是真正的合成珊瑚，与珊瑚的结构不同，相对密度较低。

就颜色、光泽和一般外观现象而言，吉尔森珊瑚是天然珊瑚极好的代用品，但其颜色分布比较均匀，放大检查看不到天然珊瑚颜色或透明度略有差别的条带状结构而具微细粒结构，相对密度只有2.45（而天然珊瑚相对密度为2.7左右）。

2. 染色骨制品

染色骨制品通常是用牛骨、驼骨、象骨之类动物骨头染色或者涂层而成的珊瑚仿制品，根据珊瑚与骨类的以下不同特点可加以鉴别。

（1）颜色　珊瑚为自然红色，天然而成，通体一色，白心者也具有颜色特征；而染色者却表里如一，并且会掉色，这从摩擦部位色浅可以得到证明。而涂层者表面常有些脱皮现象，从穿孔处可以发现里面是白核。

（2）内部结构　珊瑚横截面具放射状及同心圆状结构，骨制品则具圆孔状结构，纵截面虽然有平行纹理线，但红珊瑚的纹理线较细，而骨类的纹理线较粗大；珊瑚有白心、白斑、虫眼、沙窝等特征，而骨制品则有骨髓、鬃眼等特征。

（3）声音　珊瑚叩之，其声音清脆悦耳，而骨类声音沉浑。

（4）断口　珊瑚断口暗而较平坦，性脆是其特点，而骨制品性韧而不易断，断口为锯齿状。

3. 染色大理石

染色大理石具红色粒状结构，无颜色不均匀的条纹，用棉签蘸丙酮擦拭，棉签变红。此外，染色大理石点酸起泡，同时它会使溶液染上颜色，而红珊瑚无此染色现象。

4. 红色塑料（见彩17-7）

塑料不具有珊瑚所特有的条纹状结构，并有模具留下的痕迹，相对密度小（相对密度只有1.05～1.55），常有气泡包裹体，表面不平整，用热针触及可有多种气味，不与盐酸反应。

5. 红色玻璃（见彩17-8）

玻璃不具有珊瑚的条纹结构，显示玻璃光泽，并含有气泡，任何小的缺口都可能显示出贝壳状断口，遇盐酸不起泡，莫氏硬度大（为5），而珊瑚的断口则不光滑，油脂光泽，莫氏硬度为3～4，遇盐酸起泡。

6. 染色木料

木料可用手指甲刮破、暴露人造表面下的木质结构，相对密度小，不与盐酸反应，以此可以与珊瑚区分开。

7. 海螺珍珠（见彩17-9）

海螺珍珠是在海螺中慢慢形成的珍珠，常为粉红色，具有明显的层状粉红色与白色图案（被称为"火焰状"结构），相对密度较高。

❧❧ 第二节　琥珀的鉴定 ❧❧

一、琥珀的基本性质

琥珀是由多种树脂酸组成的石化有机物，原石具有各种不同的外形，如结核状、瘤状、水滴状等。琥珀的基本性质见表17-3。

表17-3　琥珀基本性质一览表

化学成分	$C_{10}H_{16}O$，可含少量的硫化氢
结晶状态	非晶质体
颜色	浅黄色、黄色至深棕红色、橙色、红色、白色，偶见绿色
光泽	树脂光泽
透明度	透明到微透明
光性特征	均质体，常见异常消光
折射率	1.54
相对密度	1.08
莫氏硬度	2~2.5
紫外荧光	弱至强，黄绿色至橘黄色、白色、蓝白色或蓝色

二、琥珀的品种

琥珀按产出状态可分为海珀和矿珀。海珀是指漂浮于海面或被冲入海滨中的琥珀，多产于波罗的海沿岸国家；矿珀是指产于地层或煤层中的琥珀，如缅甸琥珀和多米尼加琥珀。

按照国家标准，琥珀的主要品种有血珀、金珀、蜜蜡、绿珀、蓝珀、虫珀及植物珀（见彩17-10）。

1. 血珀

血珀是棕红色至红色透明的琥珀。

2. 金珀

黄色至金黄色透明的琥珀称为金珀。

3. 蜜蜡

半透明至不透明，呈金黄色、棕黄色、浅黄色等各种颜色，蜡状至玻璃光泽的琥珀称为蜜蜡。

4. 绿珀

绿珀是指浅绿色至绿色透明的琥珀，较稀少，多产于意大利西西里岛。

5. 蓝珀

蓝珀在透射光下呈黄色、棕黄色、黄绿色和棕红色等体色，反射光下呈现独特的蓝色，紫外光下蓝色可更加明显。蓝珀主要产于多米尼加和意大利。

6. 虫珀

内部包裹有昆虫（如蜜蜂、蚊子、苍蝇等）或其他生物的琥珀称为虫珀。

7. 植物珀

植物珀是包含有植物（如花、叶、根、茎、种子等）的琥珀。

三、琥珀的鉴别特征

琥珀有各种不同的外形：肾状、结核状、瘤状、鼓状、团块状、卵石状、扁饼状、圆盘状等。琥珀的颜色较为特征，呈浅黄色、蜜黄色、黄色至深褐色、橙色、红色、绿色、蓝色、白色等，可因氧化而表面颜色变暗，树脂光泽。

除了蜜蜡为微透明至不透明外，其他品种的琥珀透明度相对较高，可为透明至半透明。

琥珀属非晶质体，内部由微小的椭圆形胶粒堆积而成，可局部结晶。胶粒之间局部有序排列，可使琥珀出现干涉色。琥珀在正交偏光镜下全消光，局部因结晶发亮，可具异常双折射，并常见应变干涉色及假干涉图。

琥珀的折射率为1.54（点测）；琥珀相对密度较低，为1.00～1.10，通常为1.08，在饱和食盐水中可以悬浮；琥珀硬度较低，莫氏硬度为2～2.5；断口为贝壳状；性脆。导热性差，接触时有温感，摩擦后能吸附纸片，松柏科树脂形成的琥珀还会发出芬芳的松香味。

琥珀在长波紫外光下可发浅蓝白色或浅黄、浅绿色荧光（无—强）；短波紫外光下可发黄、暗黄绿或灰蓝色荧光（无—弱）。

另外，琥珀中常含有植物碎屑、动物、气液包裹体、杂质、旋涡纹等。

四、再造与优化、处理琥珀的鉴别

由于优质琥珀产量稀少，为提高琥珀的质量或利用价值，市场上出现了再造琥珀以及多种优化、处理琥珀。目前常见的琥珀优化、处理方法有热处理、加温加压处理、烤色处理、染色处理、覆膜处理、压固处理、充填处理等。

1. 再造琥珀

再造琥珀是将无法利用的小块天然琥珀在一定温度和压力下烧结形成的较大块琥珀。

再造琥珀（见彩17-11）一般为橙色或橘黄色，具有粒状结构；正交偏光镜下可见局部消光不同；短波紫外光下可见不同部位荧光不同；在抛光面上可见因硬度不同而形成的凹凸不平的表面；放大观察可见内部含有定向排列的拉长气泡和明显的流动构造或搅动构造。

2. 热处理

对琥珀进行热处理，可使云雾状的琥珀的透明度增加，同时在一定程度内改变琥珀的颜色，加热过程中其内部会产生片状炸裂纹，通常称为"太阳光芒"（见彩17-12）。国家标准中将热处理作为一种优化手段，证书中通常不注明。

3. 加温加压处理

对琥珀进行加温加压处理（见彩17-13），既可使颜色发生变化，呈绿色或其他稀少的颜色，也可改善净度，提高琥珀的透明度，属于优化范畴。

4. 烤色处理

烤色处理（见彩17-14）是人工模拟大自然的自然氧化过程，使琥珀表面颜色变红，仿老化琥珀的方法，属于优化范畴。

5. 染色处理

染色处理是将琥珀染成棕红色、绿色或其他颜色的处理方法，放大观察可见染料沿琥珀裂隙间分布。

6. 覆膜处理

在琥珀表面可覆无色或有色膜，覆无色膜可以增强琥珀表面光泽和耐磨性，覆有色膜可同时改善琥珀的颜色。

覆膜琥珀（见彩17-15）放大观察可见表面颜色层浅，无过渡色；薄膜有时会成片脱落；红外光谱可测试出膜的成分。

7. 压固处理

琥珀在形成过程中可能会分层，可经过加温压固处理将此类琥珀原石变得致密（见彩17-16）。经压固处理的琥珀放大检查可见明显的分界线及流动状红褐色纹，多保留有原始表皮及空洞，可与碎块熔结的再造琥珀相区别。

8. 充填处理

充填处理常用于裂隙较多的琥珀，可提高其净度及耐久性。放大检查可见充填物多呈下凹状，并伴有填充过程中残留的气泡。

五、琥珀仿制品的鉴别

目前市场上琥珀的仿制品多种多样，常见的品种有松香、柯巴树脂、塑料等。

1. 松香

松香（见彩17-17）是一种未经地质作用的树脂。淡黄色，不透明，有芳香味，相对密度与琥珀接近，硬度较小，用手可捏成粉末，表面有油滴状气泡，导热性差，短波紫外光下呈强的黄绿色荧光。

2. 柯巴树脂

柯巴树脂（见彩17-18）与琥珀非常相似，但是地质年代较短，手摸有黏性，脆性大。在短波紫外光下，柯巴树脂发白色荧光，比天然琥珀明亮。另外柯巴树脂的红外光谱与琥珀有较大的差异。柯巴树脂对化学腐蚀作用敏感；将1滴乙醚滴在其表面，并用手指搓，可迅速出现黏性斑点。而此种方法对于地质年代较老的石化树脂——硬树脂则无反应。

3. 硬树脂

硬度似琥珀的石化树脂，无琥珀酸成分；折射率、密度等均似琥珀，以热针触及比琥珀易变软区分于琥珀或以红外光谱相区分。

4. 塑料

塑料类主要有酚醛树脂、酪蛋白塑料、赛璐珞、有机玻璃、聚苯乙烯等材料（见彩17-19）。早期塑料中含有明显的流动构造，近期的塑料从颜色到太阳花都能仿制天然琥珀，可用饱和食盐水区分塑料和琥珀，大部分塑料都在饱和食盐水中下沉，天然琥珀则为漂浮或悬浮。另外，用小刀切时，塑料会成片剥落而琥珀会崩口。塑料折射率为1.50～1.66，只有极少数接近琥珀的折射率（差值在0.03以内）。塑料与琥珀对火焰的反应不同。加热不同材料的塑料各具独特反应。

人造虫珀，由高分子材料"甲基丙烯酸甲酯"制成，可使其内部含有昆虫、动物等，在饱和食盐水中下沉；其中动物、昆虫是死后放入的，所以十分呆板。

几种常见塑料仿制品的具体区别为：

（1）电木（酚醛树脂）　折射率与密度均较琥珀高，沉于相对密度为1.13的饱和盐水中；如要测试大型雕件，可切下一小块碎屑置于1mL水中加热，会发现样品微溶于水（而琥珀不溶于热水）；在紫外光下可呈褐色荧光。

（2）酪蛋白塑料　一种硬化的奶状塑胶，折射率及密度均比琥珀高；紫外光下呈明亮白色荧光；在其表面滴上一滴浓硝酸会留下黄色污斑；内含物呈云雾状，具流动构造；燃点低，燃烧时会产生一种烧焦的牛奶味。

（3）赛璐珞　折射率与密度高于琥珀；在紫外光及X射线下均呈现一种微黄白色荧光；燃烧可发出樟脑气味。

（4）安全赛璐珞　一种醋酸纤维树脂，燃烧后有醋味；短波紫外光下呈强黄绿色荧光。

（5）聚苯乙烯　一种高分子有机化合物，经染色可仿琥珀，密度低于琥珀，浮于饱和盐水上；极易溶于甲苯；在喷流射出成型时极易流动，故可观察到它的流动构造。

5. 玉髓、玻璃类

玉髓和玻璃可模仿琥珀的颜色，但在其他方面与琥珀差别较大，它们都比琥珀凉和重，且不能燃烧，不发荧光。鉴别特征见表17-4。

表17-4　琥珀与仿制琥珀的鉴别特征

材料	折射率	相对密度	莫氏硬度	可切性	内部特征	其他
琥珀	1.54	1.08	2.5	缺口	呈静状；有气泡、昆虫、腐殖物	燃烧时发出芳香气味
压制琥珀	1.54	1.06	2	缺口	云雾状、流动结构	SW：强白亚蓝
柯巴树脂	1.54	1.06	2	缺口	呈静状	SW：白色；遇乙醚、酒精变软
电木	1.61～1.66	1.28	—	可切	流动结构	LW：褐色
氨基塑料	1.55～1.62	1.50	—	易切	云雾状、流动结构	
聚苯乙烯	1.59	1.05	—	易切	云雾状、流动结构	易溶于甲苯
赛璐珞	1.49～1.52	1.35	2	易切	—	易燃
安全赛璐珞	1.49～1.51	1.29	2～2.5	易切	—	燃烧发醋味
酪蛋白塑料	1.55	1.32	—	可切	—	遇浓硝酸有黄污斑；SW：白色
有机玻璃	1.50	1.18	2	可切	—	—
玻璃	变化	2.20	5.5	—	气泡	比琥珀凉
玉髓	1.53	2.60	7	—	—	比琥珀凉

珠／宝／鉴／定

宝石名称 （中英文）	折射率	双折射率	晶系及光性	偏光性	颜色	透明度	光泽	色散值
欧泊 opal	1.370～ 1.470		非晶质	均质体	体色可有黑、白、橙、蓝、绿色等	透明— 不透明	树脂— 玻璃	
萤石 fluorite	1.433～ 1.435		等轴	均质体	蓝、绿蓝、黄、紫、灰、褐、玫瑰红、深红	透明— 半透明	玻璃	0.007
塑料 plastic	1.460～ 1.700		非晶质	不消光或异常消光、干涉色	多种颜色	透明— 不透明	油脂— 亚玻璃	
玻璃 glass	1.470～ 1.800		非晶质	不消光或异常消光、干涉色	多种颜色	透明— 不透明	玻璃— 强玻璃	0.007 ～ 0.098
方钠石 sodalite	1.479～ 1.487		等轴	均质体	蓝或紫色、粉红色及白色	半透明— 不透明	油脂— 玻璃	
黑曜岩 obsidian	1.480～ 1.520		非晶质	均质体或异常消光	黑色、绿褐色、褐色、灰色、黄色、红色等	半透明— 不透明	玻璃	
大理岩 marble	1.486～ 1.658		晶质集合体	不消光	多种颜色	半透明— 不透明	油脂— 玻璃	
方解石 calcite	1.486～ 1.658	0.172	三方一轴（－）	非均质体	无色、白色、浅黄色等	透明— 半透明	玻璃	
珊瑚 coral	1.486～ 1.658		隐晶质和非晶质体	不消光	白、粉红、红、金黄、黑色，罕见蓝和紫色	半透明— 不透明	蜡状— 玻璃	
青金石 lapis lazuli	1.500～ 1.670		晶质集合体		深蓝、天蓝、紫蓝色	不透明	蜡状— 玻璃	
硅孔雀石 chrysocolla	1.461～ 1.570		晶质集合体		绿、浅蓝绿色	不透明	蜡状	
白云石 dolomite	1.505～ 1.743	0.179～ 0.184	三方一轴（－）	非均质晶体或晶质集合体	无色、带黄色或褐色色调的白色	半透明	珍珠— 玻璃	
月光石 moonstone	1.518～ 1.526	0.005～ 0.008	单斜二轴（－）	非均质体	无色、白色，常见蓝色、无色或黄色晕彩	透明— 半透明	玻璃	0.012

特征一览表

多色性	密度/(g/cm³)	莫氏硬度	紫外荧光	吸收光谱	其他特征	备注
	1.25～2.23	5～6	不同颜色发光不同;可有磷光	绿色欧泊:660nm、470nm 吸收线	变彩灵活,富有立体感;彩片多呈纺锤状;色斑呈不规则片状,边界平坦且较模糊	吸水性强;具变彩效应;罕见猫眼效应
	3.00～3.25	4	紫或紫红色强荧光;可有磷光	一旦有吸收,吸收线很明显	色带;三角形负晶;两相或三相包体;裂隙中含水的气泡单独或成群存在;解理呈三角形发育	可有变色、夜明珠效应和热发光性
	1.05～1.55	1～3	多变		气泡;流线凹痕;橘皮效应以及圆滑的刻面棱线等	热针熔化;摩擦带电;触摸温感
	2.30～4.50	5～6	多变		气泡;表面有凹痕、洞穴、流线旋转纹;橘皮效应;浑圆状刻面棱线	可仿猫眼、星光、变彩、变色、砂金效应
	2.15～2.40	5～6	橘红色斑块状荧光		粗粒结构;蓝底上常见白或深蓝色的斑痕,多见白或粉红色细脉;解理面上可具珍珠光泽	遇盐酸被侵蚀;滤色镜下红褐色
	2.33～2.50	5～5.5			可含气泡、雏晶、短粗的针状包裹体,可呈条带状或"雪花状";常具白色斑块,有时呈菊花状	贝壳状断口
	2.65～2.75	3			粒状、片状(板状)或纤维状结构;可见解理闪光;常见美丽花纹、条带	常被染成各种颜色;遇酸起泡
	2.65～2.75	3	随体色而变		三组菱面体解理完全;重影	遇酸起泡;无色透明者称为冰洲石
	1.35～2.65	3～4	无—弱的白色		具颜色和透明度稍有不同的平行条纹、同心圈层及白心结构,颜色不均匀,有虫穴凹坑	遇酸起泡
	2.50～3.00	5～6	LW:粉红色 SW:绿或黄绿色		粒状结构;含有星点状或浸染状的黄铁矿以及白色斑点或条带状方解石;滤色镜下褐红色	遇酸会放出臭鸡蛋味及起泡
	2.0～2.4	2～4			含杂质时可变成褐色、黑色	隐晶质结构
	2.86～3.20	3～4	橙、蓝、绿、绿白色		可见三组完全解理	遇酸起泡
	2.55～2.61	6～6.5	LW:弱蓝色 SW:弱橘红		格子状双晶纹;蜈蚣足状包裹体及指纹状、针状包裹体	具月光效应;可有猫眼效应

宝石名称 (中英文)	折射率	双折射率	晶系及光性	偏光性	颜色	透明度	光泽	色散值
钠长石玉 albite jade	1.520～1.540		晶质集合体	不消光	灰白、灰绿白、灰绿、白色、无色	半透明—不透明	油脂—玻璃	
天河石 amazonite	1.522～1.530	0.008	三斜二轴(一)	非均质体	亮绿或亮蓝绿至浅蓝色	透明—半透明	玻璃	0.012
珍珠 pearl	1.530～1.685		隐晶质和非晶质体	不消光	白色、浅黄、金黄、粉红、紫红、黑色等	半透明—不透明	珍珠	
日光石 sunstone	1.537～1.547	0.007～0.010	三斜二轴(一)	非均质体	黄、橘黄—棕	透明—半透明	玻璃	0.012
鱼眼石 apophyllite	1.535～1.537	0.002	四方一轴(一)	非均质体	淡蓝色、无色、黄色、绿色、紫色、粉红色	透明—半透明	珍珠—玻璃	
玉髓 chalcedony	1.535～1.539		隐晶质集合体	不消光	浅绿、深绿、灰蓝、蓝、红、红褐、乳白色	半透明—不透明	油脂—玻璃	
象牙 ivory	1.535～1.540		非晶质	不消光	白、瓷白、淡黄、浅褐；史前呈蓝、绿色	透明—不透明	油脂—蜡状	
琥珀 amber	1.539～1.545		非晶质	均质体或异常消光	黄、棕黄、金黄、褐黄色和红色	透明—半透明	树脂	
滑石 talc	1.540～1.590		晶质集合体	不消光	浅至深绿、白、灰、褐色	半透明—不透明	蜡状—油脂	
堇青石 iolite	1.542～1.551	0.008～0.012	斜方二轴(一)	非均质体	蓝和紫色或无色、黄白色、绿、灰或褐色	透明	玻璃	0.017
石英 quartz	1.544～1.553	0.009	三方一轴(+)	非均质体	无色、紫、黄、粉红及烟色和黑色	透明—半透明	玻璃	0.013
石英岩 quartzite	1.544～1.553		晶质集合体	不消光	白、灰、黄、黄绿、绿、蓝、橘红、褐色等	半透明—不透明	油脂—玻璃	
虎睛石 tiger's-eye	1.544～1.553		晶质集合体		棕黄、棕—红棕色	不透明	丝绢—玻璃	

多色性	密度/(g/cm³)	莫氏硬度	紫外荧光	吸收光谱	其他特征	备注
	2.60～2.63	6			纤维状或粒状结构,呈板状或板柱状	
	2.54～2.58	6～6.5	LW:弱黄绿 SW:无反应		细粒状结构;可见钠长石小条纹;两组双晶带交织成较致密、均匀的网,形成"格子状"	常见绿色和白色的格子状色斑
	2.61～2.85	2.5～4	无—强的浅蓝、黄、绿、粉红色		珍珠质层呈薄层同心圆状结构,表面微细层纹;珠核呈平行层状	遇酸起泡;表面摩擦有砂感
	2.62～2.67	6～6.5			含大致定向排列的赤铁矿和针铁矿金属薄片包裹体	具红色或金色砂金效应
随体色而异	2.30～2.50	4～5	SW:无—弱的淡黄色		气液包裹体;一组完全解理	质脆易破裂,很难琢磨
	2.55～2.70	6.5～7	无—强的黄绿色		隐晶质结构,呈致密块状;平坦状断口	具同心层状和规则条带者称为玛瑙
	1.70～2.00	2～3	弱—强蓝白或紫蓝色荧光		纵面波状结构纹;横截面引擎纹	硝酸、磷酸能使其变软
	1.00～1.10	2～2.5	弱—强浅白、蓝白或黄绿、黄色		气泡,流动线,昆虫或动、植物碎片,其他有机和无机包裹体,呈静状	热针熔化,并有芳香味;摩擦可带电
	2.20～2.80	1～3	LW:无—弱的粉红色		常含有脉状、斑块状掺杂物;致密块状;贝壳状断口;手感滑润	常被染成各种颜色
强三色性:无-蓝灰-深紫	2.56～2.66	7～7.5		426nm、645nm弱吸收带	颜色分带,气液包裹体	可有星光、猫眼效应
二色性呈中—弱,随颜色而异	2.64～2.69	7			色带;液体或气液两相包裹体;三相包裹体;针状金红石、电气石及其他固体矿物包裹体;负晶	以颜色为亚种命名;有星光、猫眼效应
	2.64～2.71	7	含铬云母:无—弱的灰绿或红	含铬云母:682nm、649nm吸收带	粒状结构;可含云母或其他矿物包裹体	东陵石具砂金效应,滤色镜下变红
	2.64～2.71	7			波状纤维结构;较宽的平行色带;具猫眼效应,其猫眼眼线宽,不灵活	类似品种有鹰睛石和斑马虎睛石

珠宝玉石鉴定特征一览表　附录

宝石名称（中英文）	折射率	双折射率	晶系及光性	偏光性	颜色	透明度	光泽	色散值
方柱石 scapolite	1.550~1.564	0.037~0.004	四方一轴（一）	非均质体	无色、粉红、橙黄、绿、蓝、紫、紫红色	透明	玻璃	0.017
查罗石 charoite	1.550~1.559		晶质集合体	不消光	紫、紫蓝色可含黑、灰、白或褐棕色色斑	半透明	蜡状—玻璃	
拉长石 labradorite	1.559~1.568	0.009	三斜二轴（+）	非均质体	灰—灰黄、橙棕、棕红、绿色等	透明—半透明	玻璃	0.012
独山玉 dushan Jade	1.560~1.700		晶质集合体	不消光	白、绿、紫、蓝绿、黄、红、黑色及杂色等	半透明—不透明	玻璃	
蛇纹石 serpentine	1.560~1.570		晶质集合体	不消光	绿、绿黄、白、棕色和黑色	透明—半透明	蜡状—玻璃	
绿柱石 beryl	1.577~1.583	0.005~0.009	六方一轴（一）	非均质体	无色、绿、黄、浅橙、粉、红、蓝、棕、黑等	透明	玻璃	0.014
祖母绿 emerald	1.577~1.583	0.005~0.009	六方一轴（一）	非均质体	不同色调的绿色	透明	玻璃	0.014
海蓝宝石 aquamarine	1.577~1.583	0.005~0.009	六方一轴（一）	非均质体	浅绿蓝、蓝绿、浅蓝色，也称天蓝、海蓝色	透明	玻璃	0.014
羟硅硼钙石 howlite	1.586~1.605		晶质集合体		白色、灰白色，常具深灰色和黑网脉	不透明	玻璃	
菱锰矿 rhodochrosite	1.597~1.817	0.220	三方一轴（一）	非均质晶体或晶质集合体	粉红或深红色	透明—不透明	油脂—玻璃	
磷铝钠石 brazilianite	1.602~1.621	0.019~0.021	单斜二轴（+）	非均质体	黄绿—绿黄色，偶见无色	透明	玻璃	
软玉 nephrite	1.606~1.632		晶质集合体	不消光	浅—深绿、黄—褐、白、灰、黑色	半透明	油脂—玻璃	
绿松石 turquoise	1.610~1.650		晶质集合体		浅—中等蓝色、绿蓝色—绿色	不透明	蜡状—玻璃	

多色性	密度/(g/cm³)	莫氏硬度	紫外荧光	吸收光谱	其他特征	备注
粉、紫色的二色性强，黄色的弱	2.60～2.74	6～6.5	无—强的粉红、橙色或黄色	粉红色者:663nm、652nm吸收线	平行管状、针状包裹体，固体包裹体，气液包裹体；负晶	可有猫眼效应
	2.54～2.78	5～6	LW:弱的斑块状红色		纤维状结构，含绿黑色霓石、普通辉石、绿灰色长石等矿物	有色斑；又名紫硅碱钙石
	2.65～2.75	6～6.5			常见双晶纹，晕彩	具晕彩效应、月光效应
	2.70～3.09	6～7			纤维粒状结构，常呈细粒致密块状；可见蓝色、蓝绿或紫色斑	
	2.44～2.80	2.5～6	LW:无—弱的绿色		黑色矿物包裹体；白色条纹；叶片状、纤维状交织结构	产于岫岩县者称"岫玉"
因颜色各异	2.67～2.90	7.5～8	较弱并因颜色各异	蓝色:688nm、624nm、587nm、560nm	可含固体矿物、气液两相或管状包裹体；一组不完全解理；可具猫眼效应，罕见星光效应	粉红色者又名"摩根石"
绿-黄绿；蓝绿-绿	2.67～2.90	7.5～8	LW:弱橘红 SW:更弱的橘红、红		因产地而异，三相或气液两相包裹体；方解石、黄铁矿、云母、电气石、阳起石等矿物包裹体	裂隙较发育
(弱—中)蓝-绿蓝	2.67～2.90	7.5～8		537nm、456nm和427nm吸收线	液体包裹体及气、液两相包裹体和三相包裹体，平行管状包裹体	可有猫眼效应
	2.45～2.58	3～4	LW:褐黄色 SW:弱橙色		深灰色或黑色蛛网状脉；常被染色用于仿绿松石和仿青金石	又名"软硼钙石"
透明晶体:(中—强)橘黄-红	3.45～3.70	3～5	LW:中粉色 SW:弱红色	410mm、450nm、540nm弱吸收带	条带状、层纹状构造；在粉红底色上可有白、灰、褐或黄色条纹	遇盐酸起泡
弱二色性:黄绿-绿	2.94～3.00	5～6			气液包裹体和固相包裹体	
	2.90～3.10	6～6.5		500nm或红区有模糊吸收线	纤维交织结构；黑色固体包裹体；韧性大；参差状断口	优质品种为和田羊脂玉
	2.40～2.90	5～6	LW:无—弱的绿黄色	偶见420nm、432nm、460nm弱吸收	常有斑点、网脉或暗色矿物杂质，即含黄铁矿、石英、褐铁矿等包裹体	平坦状断口

珠宝玉石鉴定特征一览表

附录

宝石名称 （中英文）	折射率	双折射率	晶系及光性	偏光性	颜色	透明度	光泽	色散值
磷铝锂石 amblygonite	1.612～ 1.636	0.020～ 0.027	三斜 二轴 （±）	非均质体	无色—浅黄、绿黄、浅粉、绿、蓝或褐色	透明	玻璃	
天蓝石 lazulite	1.612～ 1.643	0.031	单斜 二轴 （-）	非均质体	深蓝、蓝绿、紫蓝、蓝白、天蓝色	透明—半透明	玻璃	
异极矿 hemimo- rphite	1.614～ 1.636	0.022	斜方 二轴 （+）	非均质体	无色、浅绿、浅黄、褐色、蓝色	透明—半透明	玻璃	
阳起石 actinolite	1.614～ 1.641		晶质 集合体	不消光	浅—深的绿色、黄绿色、黑色	半透明	玻璃	
葡萄石 prehnite	1.616～ 1.649		晶质 集合体	不消光	白色、浅黄、肉红、绿，常呈浅绿色	半透明	玻璃	
托帕石 topaz	1.619～ 1.627	0.008～ 0.010	斜方 二轴 （+）	非均质体	无色、淡蓝、蓝、黄、粉、粉红、褐红、绿色等	透明	玻璃	0.014
天青石 celestite	1.619～ 1.637	0.018	斜方 二轴 （+）	非均质体	浅蓝色、无色、黄色、橙色、绿色	透明—半透明	玻璃	
菱锌矿 smithsonite	1.621～ 1.849	0.225～ 0.228	三方 一轴 （-）	非均质体或晶质集合体	绿、蓝、黄、棕、粉、白色和无色	透明—半透明	玻璃	
碧玺 tourmaline	1.624～ 1.644	0.018～ 0.040	三方 一轴 （-）	非均质体	各种颜色，同一晶体可呈双色或多色	透明	玻璃	0.017
硅硼钙石 datolite	1.626～ 1.670	0.044～ 0.046	单斜 二轴 （-）	非均质体或晶质集合体	无色、白、浅绿、浅黄、粉、紫、褐、灰色	透明—半透明	玻璃	
赛黄晶 danburite	1.630～ 1.636	0.006	斜方 二轴 （±）	非均质体	无色、黄、褐色，偶见粉红色	透明	油脂—玻璃	0.016
磷灰石 apatite	1.634～ 1.638	0.002～ 0.008	六方 一轴 （-）	非均质体	无色、黄、绿、紫、紫红、粉红、褐、蓝色	透明—半透明	玻璃	0.013
红柱石 andalusite	1.634～ 1.643	0.007～ 0.013	斜方 二轴 （-）	非均质体	黄绿、黄褐、绿、褐、粉、紫色等	透明—不透明	玻璃	0.016

多色性	密度/(g/cm³)	莫氏硬度	紫外荧光	吸收光谱	其他特征	备注
无—弱，因颜色而异	2.98~3.06	5~6	LW:弱绿色 LW&SW:浅蓝磷光		似脉状液体包裹体，平行解理方向的云状物；两组完全解理	具磷光性
强三色性:暗紫蓝色-浅蓝-无色	3.08~3.17	5~6			块状集合体，可含有白色包裹体	
	3.40~3.50	4.5~5			常与碳酸岩矿物共存；常为集合体，呈放射状、皮壳状、肾状和钟乳状	具强热电性
	2.95~3.10	5~6		503nm弱吸收线	平行纤维结构	具猫眼效应
	2.80~2.95	6~6.5		438nm弱吸收带	纤维状结构，放射状排列；参差状断口	罕见猫眼效应
弱—中，因颜色而异	3.49~3.57	8	橘黄、黄绿LW;无—中SW;无—弱		两相、三相包裹体；两种或两种以上不混溶液体包裹体；矿物包裹体；负晶；一组完全解理	无色者经改色可呈鲜艳的海蓝色
弱，因颜色而异	3.87~4.30	3~4	有时可显弱荧光		矿物包裹体，气液包裹体；常见板状，有时可呈柱状、粒状、纤维状、钟乳状、结核状集合体	两组完全解理
	4.30~4.45	4~5	无—强，颜色各异		单晶具三组完全解理；集合体常呈放射状结构，呈致密块状、钟乳状、条带状、肾状或粒状	遇盐酸起泡
中—强，深浅不同的体色	2.46~3.66	7~8	粉红、红色碧玺:弱红—紫色	随颜色而异	粉红和红色者常含大量充满液体的扁平状、不规则管状包裹体，平行线状包裹体	可有猫眼效应；罕见变色效应
	2.90~3.00	5~6	SW:蓝色（无—中）		重影；气液包裹体；集合体常呈粒状或块状	
弱，因颜色而异	2.97~3.03	7	蓝—蓝绿LW;无—强SW;无—弱	某些可见580nm双吸收线	气液包裹体和固相包裹体	一组极不完全解理
蓝色者强，其他颜色者较弱	3.13~3.23	5~5.5	因颜色而异	黄色、无色者可见580nm双线	气液包裹体和固体矿物包裹体；两组不完全解理	具猫眼效应也可有580nm双线
强三色性:褐黄绿-黄绿橙-褐红	3.13~3.21	7~7.5	SW:绿—黄绿（无—中）	436nm,445nm吸收线	针状包裹体；空晶石变种为黑色碳质包裹体呈十字形分布	一组中等解理

珠宝玉石鉴定特征一览表

附录

宝石名称（中英文）	折射率	双折射率	晶系及光性	偏光性	颜色	透明度	光泽	色散值
重晶石 barite	1.636～1.648	0.012	斜方二轴（＋）	非均质体	无色、红、黄、绿、蓝和褐色	透明—半透明	玻璃	
煤玉 jet	1.640～1.680		非晶质	均质体	黑,褐黑	不透明	沥青	
蓝柱石 euclase	1.652～1.671	0.019～0.020	单斜二轴（一）	非均质体	无色、带黄蓝绿、蓝、绿蓝,通常为浅色	透明	玻璃	
硅铍石 phenakite	1.654～1.670	0.016	三方一轴（＋）	非均质体	无色、黄色、浅红色、褐色	透明	玻璃	
橄榄石 peridot	1.654～1.690	0.035～0.038	斜方二轴（±）	非均质体	黄绿色、绿色、褐绿色	透明	玻璃	0.020
孔雀石 malachite	1.655～1.909		晶质集合体		鲜艳的微蓝绿—绿色,常有杂色条纹	不透明	丝绢—玻璃	
透视石 dioptase	1.655～1.708	0.051～0.053	三方一轴（＋）	非均质体	蓝绿色、绿色	透明	玻璃	
夕线石 sillimanite	1.659～1.680	0.015～0.021	斜方二轴（＋）	非均质体	白—灰色、褐绿、紫蓝—灰蓝色（稀少）	透明—半透明	丝绢—玻璃	
锂辉石 spodumene	1.660～1.676	0.014～0.016	单斜二轴（＋）	非均质体	无色、浅的粉红、紫红、翠绿、黄、蓝色	透明	玻璃	0.017
顽火辉石 enstatite	1.663～1.673	0.008～0.011	斜方二轴（＋）	非均质体	红褐色、褐绿色、黄绿色、无色（稀少）	透明—半透明	玻璃	
翡翠 jadeite	1.666～1.680		晶质集合体	不消光	白、绿、黄、橘红、褐、灰、黑、紫、蓝等	透明—不透明	油脂—玻璃	
柱晶石 kornerupine	1.667～1.680	0.012～0.017	斜方二轴（一）	非均质体	黄绿、褐绿、蓝绿、黄、褐、无色（少见）	透明	玻璃	
硼铝镁石 sinhalite	1.668～1.707	0.036～0.039	斜方二轴（一）	非均质体	绿黄—褐黄色、褐色、浅粉（稀少）	透明	玻璃	0.017

多色性	密度/(g/cm³)	莫氏硬度	紫外荧光	吸收光谱	其他特征	备注
无—弱,因颜色而异	4.40～4.60	3～4	偶有荧光和磷光,弱蓝或浅绿		包裹体很多,有些为气液两相包裹体;可呈板状、柱状、粒状、纤维状或钟乳状、结核状集合体	两组完全解理
	1.30～1.34	2～4			条纹构造;贝壳状断口;热针触及有煤烟味	摩擦带电
灰绿-绿;蓝灰-浅蓝	3.00～3.12	7～8	无—弱	468nm、455nm吸收带	颜色环带;红或蓝色板状包裹体;一组完全解理	
弱—中,因颜色而异	2.90～3.00	7～8	粉色、浅蓝色或绿色,(无—弱)		可含各种包裹体;一组中等解理,一组不完全解理	又名似晶石
弱二色性:黄绿-绿	3.27～3.48	6.5～7		453nm、477nm、497nm强吸收带	睡莲叶状(盘状气液两相)包裹体、深色矿物包裹体;负晶	重影
	3.25～4.10	3.5～4			放射状纤维结构和条纹状、同心环带状构造;条纹为深浅不同的绿色交替出现	遇盐酸起泡
弱,因颜色而异	3.25～3.35	5		550nm宽吸收带	气液包裹体;三组完全解理	
蓝色具强三色性;无-浅黄-蓝	3.14～3.27	6～7.5	蓝色者:LW&SW下弱红色	410nm、441nm、462nm弱吸收带	纤维状结构;一组完全解理	具猫眼效应
三色性因颜色而异	3.15～3.21	6.5～7	因颜色而异	黄绿色:433nm、438nm吸收线	气液包裹体和矿物包裹体;有翠绿锂辉石和紫锂辉石两个重要变种	两组完全解理
褐黄-黄;绿-黄绿	3.23～3.40	5～6		505nm、550nm吸收线	纤维状包裹体和管状包裹体;两组完全解理	可有猫眼效应
	3.25～3.40	6.5～7	白、绿、黄(无—弱)	437nm、630nm、660nm、690nm吸收线	星点、针状、片状闪光(翠性);纤维交织结构至粒状纤维结构;固体包裹体	
强三色性:绿-黄-红褐	3.27～3.35	6～7	黄(无—强)	503nm吸收带	固体包裹体及气液包裹体、针状包裹体;可显一轴晶干涉图假象;两组完全解理	具猫眼效应,罕见星光效应
强三色性:浅褐-绿褐-深褐	3.46～3.50	6～7		493nm、475nm、463nm、452nm吸收线	可有针状、纤维状等多种包裹体;负晶	重影

宝石名称 （中英文）	折射率	双折射率	晶系及光性	偏光性	颜色	透明度	光泽	色散值
水钙铝榴石 hydrog-rossu-lar	1.670～ 1.730		晶质集合体	均质体	绿—蓝绿色、粉、白、无色	半透明	玻璃	
普通辉石 augite	1.670～ 1.772	0.018～ 0.033	三斜二轴（＋）	非均质体	灰褐、褐、紫褐、绿黑色	透明	玻璃	
透辉石 diopside	1.675～ 1.701	0.024～ 0.030	单斜二轴（＋）	非均质体	蓝绿—黄绿、褐、黑、紫、无色—白色	透明—不透明	玻璃	0.013
斧石 axinite	1.678～ 1.688	0.010～ 0.012	三斜二轴（－）	非均质体	褐、紫褐、紫、褐黄、蓝色	透明	玻璃	
黝帘石 zoisite	1.691～ 1.706	0.008～ 0.013	单斜二轴（＋）	非均质体	褐、黄绿、绿坦桑石：蓝、紫蓝—蓝紫色	透明	玻璃	0.021
尖晶石 spinel	1.710～ 1.735		等轴	均质体	粉、红—紫红、黄、无色、褐、蓝、绿、紫色	透明	玻璃—亚金刚	0.020
符山石 idocrase （vesuv-ianite）	1.713～ 1.718	0.001～ 0.012	四方一轴（±）	非均质体	黄绿、棕黄、浅蓝—绿蓝、灰、白色	透明	玻璃	
镁铝榴石 pyrope	1.714～ 1.742		等轴	均质体	中—深橘红、红色	透明	玻璃—亚金刚	0.027
蓝晶石 kyanite	1.716～ 1.731	0.012～ 0.017	三斜二轴（－）	非均质体	浅—深蓝、绿、黄、灰、褐、无色	透明	玻璃	
塔菲石 taaffeite	1.719～ 1.723	0.004～ 0.005	六方一轴（－）	非均质体	粉—红、蓝、紫、紫红、棕、无色、绿色	透明	玻璃	
绿帘石 epidote	1.729～ 1.768	0.019～ 0.045	单斜二轴（－）	非均质体	浅—深绿—棕褐、黄、黑色	透明	玻璃	
钙铝榴石 grossularite	1.730～ 1.760		等轴	均质体	浅—深绿、浅—深黄、橘红，无色（少见）	透明	玻璃—亚金刚	0.028
蔷薇辉石 rhodonite	1.733～ 1.747		晶质集合体	不消光	浅红、粉红、紫红、褐红色	半透明—不透明	玻璃	

多色性	密度 /(g/cm³)	莫氏 硬度	紫外荧光	吸收光谱	其他特征	备注
	3.15~ 3.55	7		暗绿色者:460nm 以下全吸收	黑色点状包裹体;可与 符山石共生;断口:油脂 光泽—玻璃光泽	滤色镜下呈 粉红—红色
三色性: 浅绿- 浅褐- 绿黄	3.23~ 3.52	5~6			气液包裹体和矿物包 裹体;两组完全解理	
三色性: 浅绿- 绿-深绿	3.22~ 3.40	5~6	绿色者 LW:绿 SW:无	505nm 吸收线; 铬透辉石多条线	丝状气液包裹体;内部 包裹体和裂隙较少;重影	星光效应; 猫眼效应
强三色 性:紫— 粉-浅 黄-红褐	2.26~ 3.36	6~7	黄色者 SW:可有 红色荧光	412nm、466nm、 492nm、512nm吸 收线	气液包裹体和矿物包 裹体;一组中等解理	
强三色 性,因 颜色 而异	3.10~ 3.45	8		595nm、528nm、 455nm吸收带	气液包裹体,阳起石、 石墨和十字石等矿物包 裹体	罕见猫眼效 应
	3.57~ 3.70	8	因颜色 而异	因颜色而异	细小八面体负晶,可单 个或呈指纹状分布;有裂 纹和包裹体;除红色外, 其他颜色均带有灰色调	早期称红色 尖晶石为"大 红宝"
无—弱, 因颜色 而异	3.25~ 3.50	6~7		464nm 吸收线, 528.5nm弱吸收	气液包裹体和矿物包 裹体;常见斑点状色斑; 可呈块状集合体	参差状断口
	3.62~ 3.87	7~8		564nm 宽带和 505nm吸收线	针状包裹体,不规则和 浑圆状晶体包裹体;镁铝 榴石可有铬吸收;可有变 色效应;异常双折射	含铁者可有 440nm、445nm 吸收线
蓝色者: 无-深 蓝-紫 蓝	3.56~ 3.69	4~ 7.5	LW:弱红 SW:无	435nm、445nm 吸收带	色带;固体矿物包裹 体;一组完全解理,一组 中等解理;猫眼效应(稀 少)	莫氏硬度 //c:4~5 ⊥c:6~7
随颜色 变化	3.60~ 3.62	8~9	绿色(无— 弱)	有时可有 458nm 弱吸收带	气液包裹体和矿物包 裹体;贝壳状断口	
强三色 性:绿- 褐-黄	3.25~ 3.50	6~7		445nm 强吸收 或 475nm 弱吸 收线	气液包裹体和矿物包 裹体;含铁量增大则色 浓;遇热盐酸能部分溶 解,遇氢氟酸能快速溶解	常发育晶面 纵纹
	3.57~ 3.73	7~8	近无色、黄 色、浅绿者弱 橘黄色	铁致色者有 407nm、430nm 吸 收带	短柱或浑圆状晶体包 裹体;常见异常双折射; 翠绿色含铬、钒钙铝榴石 滤色镜下呈红色	热浪效应
	3.30~ 3.76	5.5~ 6.5		545nm 宽带, 503nm吸收线	粒状结构;可见黑色脉 状或点状氧化锰,有时杂 有绿或黄色色斑	

宝石名称 （中英文）	折射率	双折射率	晶系及光性	偏光性	颜色	透明度	光泽	色散值
金绿宝石 chrysoberyl	1.746～ 1.755	0.008～ 0.010	斜方 二轴 （＋）	非均质体	浅—中黄、黄绿、灰绿、褐色—黄褐色	透明	玻璃—亚金刚	0.015
蓝锥矿 benitoite	1.757～ 1.804	0.047	六方 一轴 （＋）	非均质体	蓝、紫蓝，具环带的浅蓝、无色或白色	透明	玻璃—亚金刚	0.044
铁铝榴石 almandite	1.760～ 1.820		等轴	均质体	橘红—红、紫红—红紫，色调较暗	透明	玻璃—亚金刚	0.024
红宝石 ruby	1.762～ 1.770	0.008～ 0.010	三方 一轴 （－）	非均质体	红、橘红、紫红、褐红	透明	玻璃—亚金刚	0.018
蓝宝石 sapphire	1.762～ 1.770	0.008～ 0.010	三方 一轴 （－）	非均质体	蓝、绿、黄、橙、粉、紫、黑、灰、无色	透明	玻璃—亚金刚	0.018
锰铝榴石 spessartine	1.790～ 1.814		等轴	均质体	橙色—橘红色	透明	玻璃—亚金刚	0.027
锆石 zircon	1.810～ 1.984	0.001～ 0.059	四方 一轴 （＋）	非均质体	无色、蓝、黄、绿、褐、橙、红、紫	透明	玻璃—金刚	0.039
钙铬榴石 uvarovite	1.820～ 1.880		等轴	均质体	艳绿、蓝绿、祖母绿色	透明	玻璃—亚金刚	
钙铁榴石 andradite	1.855～ 1.895		等轴	均质体	黄、绿、褐绿	透明	玻璃—亚金刚	0.057
榍石 sphene	1.900～ 2.034	0.100～ 0.135	单斜 二轴 （＋）	非均质体	黄、绿、褐、橙、无色，少见红色	透明	金刚	0.051
锡石 cassiterite	1.997～ 2.093	0.096～ 0.098	四方 一轴 （＋）	非均质体	暗褐—黑色、黄褐、黄、无色	透明	金刚—亚金刚	0.071
钻石 diamond	2.417		等轴	均质体	无色、白、浅黄、蓝、绿、粉红、褐、黑	透明	金刚	0.044
赤铁矿 hematite	2.690～ 3.220		晶质集合体		钢灰—铁黑色	不透明	金属—半金属	

多色性	密度/(g/cm³)	莫氏硬度	紫外荧光	吸收光谱	其他特征	备注
弱—中的三色性:黄-绿-褐	3.71~3.75	8~8.5	黄色和绿黄色者SW:无—黄绿	445nm强吸收带	指纹状、丝状包裹体;透明宝石可显双晶纹或阶梯状生长面;罕见浅蓝色品种	有"变石"和"猫眼石"两个名贵品种
强二色性:紫红-紫;蓝色-无色	3.61~3.69	6~7	LW:无 SW:强蓝白		色带;一组不完全解理;粉色者稀少	重影;色散强
	3.93~3.30	7~8			粗针状包裹体,不规则浑圆状低突起晶体包裹体;锆石放射晕圈;常见异常双折射	可有星光效应
强二色性:紫红-红;橘红-红	3.95~4.05	9	红—橘红荧光强度LW>SW		生长纹,色带;双晶纹;丝状物、针状包裹体;晶体包裹体,指纹状、雾状气液包裹体;负晶	可有星光效应,罕见猫眼效应
强二色性,因颜色而异	3.95~4.10	9	随颜色变化		色带;负晶;气液两相包裹体;针状、指纹状、雾状、丝状包裹体;固体矿物包裹体;双晶纹	可有星光效应、变色效应
	4.12~4.20	7~8			波浪状、不规则状和浑圆状晶体包裹体;常见异常双折射	可具变色效应
弱,表现为不同色调的体色	3.90~4.80	6~7.5	随颜色变化	2~40多条吸收线	高型:愈合裂隙,矿物包裹体,重影明显。中低型:平直分带,絮状包裹体。性脆,棱角易磨损	653.5nm为特征吸收线;猫眼效应
	3.72~3.78	7~8			可有锆石、石英、方解石等矿物包裹体;常见异常双折射	滤色镜下红色
	3.81~3.87	7~8		440nm、618nm、634nm、685nm、690nm吸收	"马尾状"包裹体;翠榴石为钙铁榴石含铬的变种,滤色镜下呈红色—淡粉红色	异常双折射
中—强,浅黄-褐橙-褐黄	3.50~3.54	5~5.5		有时可见580nm双吸收线	指纹状包裹体,矿物包裹体;双晶;重影;两组中等解理	色散强
弱—中,浅褐-暗褐	6.87~7.03	6~7			常见色带;重影;两组不完全解理	色散强
	3.51~3.53	10	蓝、黄、黄绿、粉色等(无—强)	415nm、453nm、478nm吸收线	多种矿物包裹体;云状物,点状物,羽状纹;生长纹;原始晶面;刻面棱线锋利;偶见异常双折射	导热性高;日光曝晒后可有磷光
	4.95~5.26	5~6.5			通常为致密块状、鲕状、肾状、豆状;条痕及断口为红褐色	

附录　珠宝玉石鉴定特征一览表

参 考 文 献

[1] 王时麒.中国战国红.北京：地质出版社，2018.

[2] 何雪梅.生辰石和生辰玉.北京：化学工业出版社，2017.

[3] 何雪梅.珠宝微日志–鉴定与选购.北京：化学工业出版社，2017.

[4] GB/T 34098—2017.石英质玉 分类与定名.

[5] 何雪梅.慧眼识宝.桂林：广西师范大学出版社，2016.

[6] 何雪梅.珠宝品鉴微日志.桂林：广西师范大学出版社，2016.

[7] 邓谦，柯捷.辨假绿松石.北京：文化发展出版社，2016.

[8] 何雪梅.识宝·鉴宝·藏宝.北京：化学工业出版社，2014.

[9] 何雪梅.常见珠宝玉石快速鉴定手册.北京：化学工业出版社，2014.

[10] 张蓓莉，王曼君.翡翠品质分级及价值评估.北京：地质出版社，2013.

[11] 玉石学国际学术研讨会编委会.玉石学国际学术研讨会论文集.北京：地质出版社，2011.

[12] 何雪梅，李玮.宝石鉴定实验教程.第 3 版.北京：航空工业出版社，2011.

[13] 何雪梅，沈才卿.宝石人工合成技术.第 2 版.北京：化学工业出版社，2010.

[14] 翁润生.矿物与岩石辞典.北京：化学工业出版社，2008.

[15] 陈钟惠.珠宝首饰英汉汉英词典.第 3 版.武汉：中国地质大学出版社，2007.

[16] 吕林素，何雪梅，李宏博，章西焕.实用宝石加工技法.北京：化学工业出版社，2007.

[17] 张蓓莉，等.系统宝石学.第 2 版.北京：地质出版社，2006.

[18] GB/T 16553—2003.珠宝玉石鉴定.

[19] 李劲松，赵松龄.宝玉石大典.北京：北京出版社，2000.

[20] 何雪梅，沈才卿，吴国忠.宝石的人工合成与鉴定（修订版）.北京：航空工业出版社，1998.

[21] 丘志力.宝石中的包裹体——宝石鉴定的关键.北京：冶金工业出版社，1995.

[22] 吕麟素.珠宝鉴定与商贸实务.北京：中国轻工业出版社，1994.

[23] 黄杰齐.贵重宝石人造合成、天然内含物对照大全.中国台北：史丹佛宝石鉴定股份有限公司，1994.

[24] 莫伟基.问题宝石鉴定法浅谈.中国宝石.1993，（3）：44-46.

[25] 周佩玲.有机宝石与投资指南.武汉：中国建材工业出版社，1993.

[26] R C Aammerling, etc. Identifying glass-filled diamonds. 中国宝石.1993，（3）：13-16.

[27] 李兆聪.宝石鉴定法.北京：地质出版社，1992.

[28] 阎一宏，等.宝石鉴定手册.呼和浩特：内蒙古人民出版社，1990.

[29] 美国珠宝学院.GIA 宝石实验室鉴定手册.武汉：中国地质大学出版社，1989.

珠
宝
鉴
定